本项目由四川省预防医学会资助

儿童无伤害 安全护梦想

儿童伤害防治手册

U0350283

总顾问：马　骁

顾　问：熊　庆　莫小堃　汪　洋　赖晗梅　王国贤

主　编：蒋迎佳　赵　莉

副主编：马　涛　刘　莉

编　委：沈　茜　余　涛　刘正元　段凤仪　蒋小勇　贺晓春　徐　丽

　　　　赵荣香　杜雪梅　谢　江　苏文英　税　丹　周美伶　万　鸿

　　　　胡海燕　张国英　李熙鸿　潘玲丽　崔民彦

四川大学出版社
SICHUAN UNIVERSITY PRESS

图书在版编目（CIP）数据

儿童伤害防治手册 / 蒋迎佳，赵莉主编 . — 成都：
四川大学出版社，2023.5
ISBN 978-7-5690-6086-7

Ⅰ . ①儿… Ⅱ . ①蒋… ②赵… Ⅲ . ①安全教育－儿
童读物 Ⅳ . ① X956-49

中国国家版本馆 CIP 数据核字（2023）第 069123 号

书　　　名：	儿童伤害防治手册
	Ertong Shanghai Fangzhi Shouce
主　　　编：	蒋迎佳　赵　莉

选题策划：	段悟吾　王　军
责任编辑：	唐　飞
责任校对：	孙明丽
装帧设计：	龙晏文化
责任印制：	王　炜

出版发行：	四川大学出版社有限责任公司
	地址：成都市一环路南一段 24 号（610065）
	电话：（028）85408311（发行部）、85400276（总编室）
	电子邮箱：scupress@vip.163.com
	网址：https://press.scu.edu.cn
印前制作：	天津龙晏文化科技有限公司
印刷装订：	四川盛图彩色印刷有限公司

成品尺寸：	170mm×240mm
印　　张：	15.25
字　　数：	193 千字

扫码获取数字资源

版　　次：	2023 年 5 月 第 1 版
印　　次：	2023 年 5 月 第 1 次印刷
定　　价：	56.00 元

四川大学出版社
微信公众号

本社图书如有印装质量问题，请联系发行部调换

一 专家序

　　儿童伤害是全球性公共卫生问题。《2019年中国死因监测数据集》显示，我国1～4岁、5～14岁、15～44岁三个年龄段人群的主要死亡原因是伤害，可见儿童伤害已经对孩子、家庭和社会带来了沉重的经济损失与情感负担。伤害是可以预防的，如果能重视儿童伤害的预防控制，必将减少这些损失和负担。因此，应该让安全意识成为家长、教师、照护者等养育常识的一部分，让安全素养植根于每一位儿童心中。

　　四川省预防医学会儿童伤害防治分会在蒋迎佳主任委员的带领下，多年来以托育机构、幼儿园、小学、中学为基地开展了许多关于儿童伤害防治的培训与宣传教育工作，积累了丰富经验。现在，由蒋迎佳牵头主编的《儿童伤害防治手册》以"儿童无伤害，安全护梦想"为主题，从预防医学的角度，融汇医学、公共卫生、教育、法律等领域的专业知识，通过案例引导，深入浅出地讲述了窒息、道路交通伤害、溺水、跌倒、呼吸道异物、烧伤、电击、机械性损伤、中毒等常见伤害的预防和现场急救方法，并从社会管理角度阐述了家长、学校、社区、企事业单位、政府及相关部门的职责。该手册具有明显的实际意义，可以作为家庭、学校、相关部门的生活必备书、教学辅助资料和工作参考资料。

此外，该手册按照哈顿矩阵思路，从儿童意外伤害发生的三阶段（事件前、事件中、事件后）和三方面（人、致伤因子、环境）提出预防措施，将三级预防（病因预防、临床前期预防和临床预防）理念贯穿其中，具有相当的学术意义。

作者关心儿童生命与健康的拳拳之心、殷殷之情充满了手册的字里行间，我衷心地希望他们的努力和奉献能对每一个家庭、托幼机构、中小学、社区和相关部门有所裨益，能让孩子们更加安全健康地成长，能让"祖国的花朵"盛开得更加鲜艳茁壮！

四川省预防医学会 会长

冯晓 教授

2022 年 10 月于成都

二 专家序

随着我国社会经济的发展，儿童的疾病谱也在改变。儿童伤害已经成为威胁我国儿童健康的主要杀手。除了做好儿童伤害的预防工作外，早期给予正确的处理也对改善受伤患儿预后、减少痛苦和并发症十分重要。

蒋迎佳和马涛医生是我多年的好朋友，作为儿科医生，我们都有一个共同的心愿就是希望孩子们能在安全的环境中健康成长。因此，我们也一直在为儿童伤害的防治做出努力。为手册作序，我感到十分荣幸。作为从医多年的儿科临床医生，认真读完该手册后，感觉受益匪浅，我想包括父母在内的儿童照护者们也定能从中获益。这本手册从儿童常见伤害防治出发，着重介绍了儿童常见伤害的家庭急救方法。通篇浅显易懂，文字表述清晰，可操作性强，不仅适用于家庭，也适合学校、托幼机构等相关机构工作者。

生活中的各种儿童伤害十分常见，轻则让孩子疼痛不适、家长担惊受怕，重则可能致残甚至致死，造成家庭和社会的极大痛苦和负担。工作中我们仔细询问病史就会发现，绝大多数儿童伤害都可以通过规范我们的日常行为、改变固有观念、增强社会关注度、改善公共设施、设立法律法规等去规避。因此，除了能够做到正确处置各种常见伤害，我更希望儿童照护者们能够做好有效看护，避免儿童伤害的发生。伤害没有意外，"预防儿童伤害，人人都是主角"。

北京儿童医院急诊科主任

2022 年 10 月于北京

三 专家序

　　"老吾老，以及人之老；幼吾幼，以及人之幼"，尊老爱幼
是中华民族的优良传统，也是文明社会的普遍共识。儿童的安全
不仅关系到每一个小家庭的幸福，也受到了整个社会的极大关注。
每一起公开报道的儿童伤害事件，往往都会刺痛整个社会的心灵。
为儿童的健康成长创造良好的法制和社会环境，是个人、社会乃
至国家义不容辞的责任。

　　落实上述责任，显然不能仅仅依靠理念或者口号，还需要大
量的具体工作。为了落实儿童保护，我国的立法机构经过长期不
懈的努力，初步构建了一个保护未成年人的法律体系，《中华人
民共和国刑法》《中华人民共和国民法典》《中华人民共和国义
务教育法》《中华人民共和国家庭教育促进法》等许多法律法规，
都对未成年人保护作出了明确规定。还专门制定了《中华人民共
和国未成年人保护法》（以下简称《未成年保护法》）和《中华
人民共和国预防未成年人犯罪法》两部专门法律，从家庭、学校、
社会、司法等方面具体规定了保护未成年人各相关方面的法律责

任。2020 年 10 月 17 日，十三届全国人大常委会再次修订了《未成年人保护法》，对现行未成年人保护法做了大幅修改和完善，由 7 章扩展为 9 章，条文由 72 条增加到 132 条。此次修法确立了最有利于未成年人的原则，构建了"家庭、学校、社会、网络、政府、司法"的综合保护体系，为未成年人提供了更加全面立体的保护。

但要实现对儿童的切实保护，最大限度地减少儿童伤害事件的发生，除了完善立法，还需要社会各界的广泛参与。四川省预防医学会儿童伤害防治分会的努力有目共睹，为儿童保护工作奔走疾呼，做了大量有价值的工作。此次编写的《儿童伤害防治手册》对广泛传播相关法律知识，落实各方主体责任具有非常积极的意义。编者们倾注了极大的精力和热情，对社会各界从事儿童相关工作的人员具有较好的指导作用。

全国律师协会医药卫生法专委会副主任

吴迅

2022 年 10 月于成都

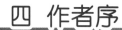

四 作者序

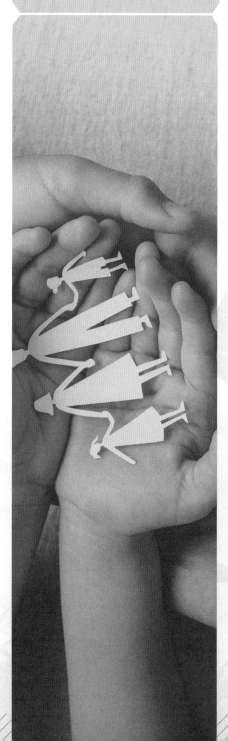

当婴儿降临到人世，每个家庭都怀揣着温柔之心给予呵护，盼望着小人儿顺利成长，开启美好的人生之路。作为一名儿科医生，在临床工作中，我看到儿童的成长之路并非坦途。儿童意外伤害频发，家庭悲剧不断，大家事后更多的是一声叹息！意外发生后，再去数落或教育家长，往往显得格外苍白无力。

随着社会的发展和进步，降低儿童死亡率是全球发展的共同目标，也是全社会关注的重点。在我国，意外伤害已经成为威胁我国儿童生命健康的重要因素之一。正如全球儿童安全组织创建者马丁博士所言："没有'偶然'的事故，只有可预防的伤害！"

作为四川省预防医学会儿童伤害防治分会的一员，在7年多的工作中，我与来自四川省各级医疗保健机构、幼儿园、中小学校、法律界和媒体界的委员们一起交流、探讨。同时尝试在幼儿园、中小学建立儿童伤害防治健康教育培训基地，并以此为窗口面向公众进行儿童伤害防治相关培训和帮助。其间，我有幸结识了全球儿童安全组织（中国）的崔民彦女士。崔民彦女士为预防儿童伤害做了卓有成效的工作，让我得到启发和鼓励，并由此萌生出组织儿童伤害防治分会的委员共同撰写面向公众的《儿童伤害防治手册》的想法，涵盖儿童伤害预防、急救、法律解读内容，力图将儿童伤害防治基本常识纳入家长、教师及其他照护人的观念中，让大家了解各种常见伤害发生前、发生时、发生后的危险因素，这样才能防患于未然，形成良好的安全素养。这本手册，践行儿童伤害防治分会的宗旨："儿童无伤害，安全护梦想"，让儿童拥有安全美好的人生之路。

　　我首次尝试编写手册，其间一直得到四川大学出版社编辑团队的大力帮助。不足之处恳请指正，我将在今后的工作中不断总结和完善。衷心感谢四川省预防医学会给予的大力支持和指导！衷心感谢儿童伤害防治分会全体委员的团结协作，成就了手册的诞生！衷心感谢成都市东城根街小学、西北中学外国语学校的学生们倾心画作，帮助我们从孩子的视角看伤害！

四川省预防医学会儿童伤害防治分会主任委员

蒋迎佳

2022 年 9 月于成都

第一篇
儿童伤害防治

第二篇
儿童伤害急救

第三篇
儿童伤害法律

第一篇
儿童伤害防治

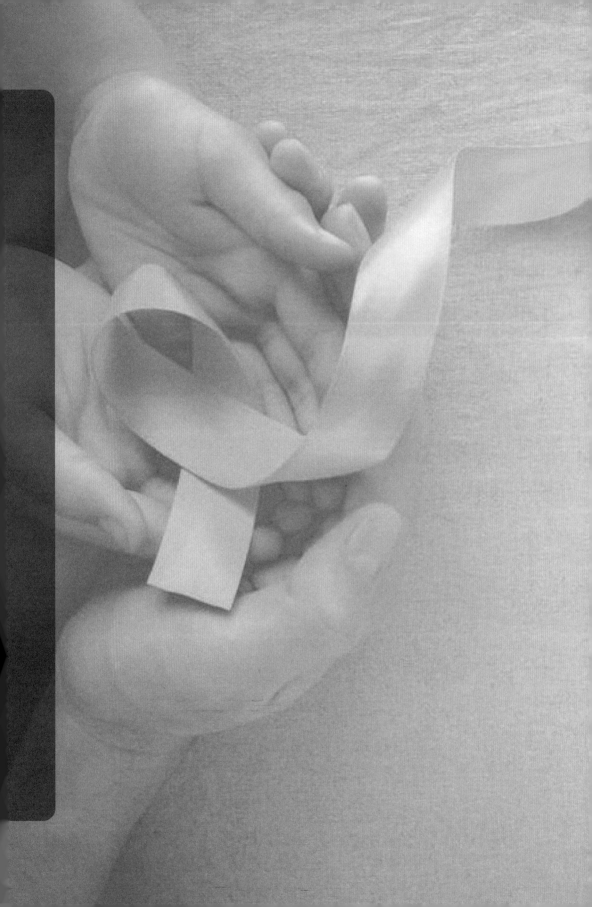

第一章

概　论

蒋迎佳　赵莉

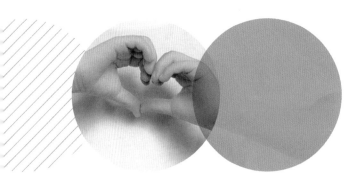

　　2019 年 5 月底，海南万宁市一名 4 岁半的小男孩被遗忘在幼儿园校车内，待中午司机开车时，发现男孩已永远离开了这个世界。

　　2020 年 5 月 15 日，山东青岛市某医院三个院区的小儿外科在一天内就接诊抢救了 5 名遭遇严重车祸的儿童，其中年龄最小的 5 岁，最大的 11 岁。5 名儿童都是周末跟随父母外出发生交通意外的。

　　2021 年 5 月 10 日，四川成都市某小区电梯内一辆电瓶车突然起火。根据监控显示，电梯内有 3 名男子和 1 名抱着婴儿的女士，3 秒内火焰瞬间吞噬电梯间，多人被烧伤。其中这名仅有 5 个月大的婴儿被严重烧伤。

　　2021 年 7 月 13 日，河南驻马店市 6 名初二学生在公园内溺水身亡，岸边留下了溺水者的 6 双鞋。

　　2021 年 8 月 25 日，河南新乡市多名儿童在小区 18 楼天台上玩耍，1 名 12 岁男孩跳上通风管道后，管道盖板突然脱落，致男孩直坠一楼身亡。

　　……

面对这一件件屡见不鲜、触目惊心的儿童意外伤害事件，人们痛惜之余普遍的反应是"没有想到""这不可能发生""怎么那么倒霉"！发生的这一个个悲剧，常常被人们认为是小概率事件，甚至觉得离自己很遥远。其实各种环境下的潜在危险如梦魇般悄悄地跟随着儿童，伤害事件随时都可能发生。

何为伤害呢？由机械能、热能、电能、化学能，以及电离辐射等物质以超过人体耐受总程度的量或速率急性作用于人体所导致身体的损伤称为伤害。非故意、突发的伤害又称为意外伤害。造成意外伤害的主要原因有交通事故、溺水、跌落、呼吸道异物、烧伤、电击、机械伤害、中毒、昆虫/动物咬伤等。

意外伤害是世界范围内导致儿童死亡和残疾的首要原因，也是全球性公共卫生问题，给个人、家庭和社会带来了沉重的经济损失与情感负担。中国疾控中心慢病中心和全球儿童安全组织联合发布的《中国青少年儿童伤害现状回顾报告（2010—2015年）》中提到：中国每年有超过5万4千多名儿童因意外身亡，平均每天148人。其中，1～4岁年龄组儿童为伤害死亡占比最高人群，每10个儿童伤害死亡中，就有3.3人为1～4岁年龄组儿童。意外伤害死亡的主要原因有溺水、交通事故和跌落。家中是儿童伤害发生最多的场所，其次为公共居住场所、公路、街道、学校和公共场所。

联合国的《儿童权利公约》倡议"每一个儿童均享有在一个安全的环境中成长，不受伤害和免遭暴力的权利"。2021 年 9 月，我国发布的《关于推进儿童友好城市建设的指导意见》中指出："优化儿童健康成长社会环境，防止儿童意外和人身伤害，健全儿童交通、溺水、跌落、烧烫伤、中毒等重点易发意外事故预防和处置机制。"全球儿童安全组织创建者马丁博士指出："没有'偶然'的事故，只有可预防的伤害！"

　　如何识别不同年龄段儿童意外伤害的各种危险因素或风险呢？本手册按照哈顿矩阵思路介绍常见的儿童意外伤害发生的三阶段（事件前、事件中、事件后）中，从三方面（人、致伤因子、环境）帮助大家寻找和识别潜在的危险因素，并提出相应预防措施，将三级预防理（病因预防、临床前期预防和临床预防）念贯穿其中，为家庭、各类托育和托幼机构、中小学、社区等提供儿童意外伤害防控的指导和帮助。

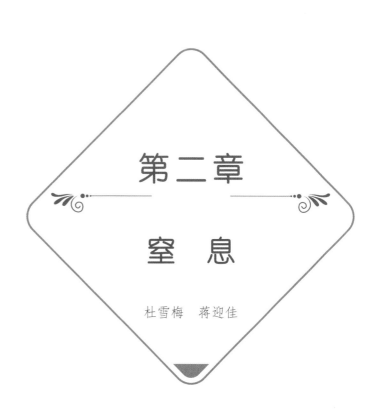

第二章

窒　息

杜雪梅　蒋迎佳

第一节 概述

案例:

2020 年 5 月 6 日 12 时许,江苏南通市某幼儿园小班三位老师陪护该班幼儿在教室内用餐时,先用完餐的幼儿胡某某独自跑到教室里面的寝室玩耍,发生窗帘绳缠颈事件,导致意外窒息,经抢救无效死亡。

简单顺畅的呼吸提供了人体生命所需的氧气,一旦呼吸异常或呼吸受阻,身体将会因缺氧和二氧化碳潴留,迅速出现各器官组织代谢障碍、功能紊乱,这个过程称为窒息(asphyxia)。世界卫生组织报道,窒息是 5 岁以下儿童意外死亡的主要原因和最大的儿童安全问题,每年有数万名儿童因窒息而死亡,尤其值得注意的是,其中 35% 的窒息发生在家中。

窒息形成的原因主要有以下几个方面:

(1)压迫颈部所致的窒息,如缢颈、勒颈、扼颈。

(2)闭塞呼吸道口所致的窒息,如用手或柔软物体同时压闭口和鼻孔。

(3)异物阻塞呼吸道内部所致的窒息(见第六章呼吸道异物),如各种固体或有形异物阻塞咽喉或气管、支气管。

(4)压迫胸腹部所致的窒息,如人体被挤压在坍塌的建筑物中,被埋在砂土中或被拥挤的人群挤压或踩踏。

(5)吸入所致而引起的窒息,如液体(水等,见第四章溺水)、胃内容物返流误吸、有毒有害气体或空气中氧气缺乏。

窒息对儿童危害极大,其所致的呼吸功能障碍是一个连续的过程,可分解为以下六期。

一、窒息前期

氧气吸入障碍初期，呼吸道已受阻，但由于身体内尚有剩余的氧可供组织细胞利用和本能的应激反应而出现的代偿期，身体可能不会表现出任何异常症状。此期一般可持续 0.5 分钟。

二、吸气性呼吸困难期

身体继续缺氧，体内剩余氧气耗尽，二氧化碳潴留增多，刺激大脑的延髓呼吸中枢，代偿性呼吸加深、加快，吸气强于呼气，胸腔负压增大，回心血量增多，使静脉血流淤滞，心率增加，血压升高，表现为惊恐、眼球突出、颜面和手指发绀等。此期一般可持续 1 ～ 1.5 分钟。

三、呼气性呼吸困难期

缺氧持续，二氧化碳潴留更多，已达到刺激迷走神经的浓度，进一步反射性地加剧呼吸运动，使呼气强于吸气，氧气吸入受阻更趋明显。全身骨骼肌可出现痉挛，从阵发性逐渐发展为强直性，甚至出现头颈不自主后仰的角弓反张状态。脑组织严重缺氧，导致意识逐渐丧失，瞳孔缩小，流涎、心率下降，二便失禁等现象。此期一般持续不超过 1 分钟。

四、呼吸暂停期

缺氧超过 3 分钟，呼吸中枢出现深度抑制，呼吸浅而慢直至停止。中枢神经系统功能逐渐丧失，肌肉松弛，全身痉挛消失，心搏微弱，血压下降，状如假死。此期一般可持续 1 ～ 2 分钟。

五、终末呼吸期

缺氧超过 5 分钟，鼻翼扇动，颈部肌肉也参与呼吸运动，一般有数次间歇性深呼吸，间隔逐渐延长，出现潮式呼吸、间歇性张口呼吸，呼吸中枢已渐衰竭，肌肉松弛，瞳孔散大。此期可持续 1 至数分钟。

六、呼吸停止期

呼吸已停止，但仍可有微弱的心搏，持续时间因人而异，持续数分钟，最后心跳停止而死亡。

各期持续时间及表现的程度，因个体的年龄、身体状况而异，婴儿或体弱儿持续时间较年长儿童或健康儿童短。

第二节　窒息发生前的危险因素

案例：

2020 年一则新闻报道：新手妈妈参加"训练趴睡"课程，在训导师指导下，孩子妈妈在长达 2 小时的视频直播中看着 3 月大的女婴一直哭喊，直至孩子最后无声无息，窒息身亡。

这起意外事件让大家看到了一个小生命的无助，意识到了成人安全养育知识的贫乏，部分"训导师"和家长的愚昧。了解儿童窒息发生前的各种危险因素，帮助大家提高警惕，防"窒息"于未然十分重要。

一、个体因素

1. 年龄与性别

年龄越小，自主动作能力越弱，越容易发生窒息。报道称有

85.1%的意外窒息死亡发生在孩子出生后3月龄内的小婴儿且无明显性别差异。3月龄后的孩子，由于具备了不同程度的自主活动能力，发生窒息就有明显的性别差异：活泼好动、好奇心强、富于表现、喜欢刺激和挑战的男童，发生窒息的概率比女童普遍要高。

2. 发育异常或疾病状态

营养不良、早产、体弱儿，各种发育异常或先天性疾病如喉软骨发育不良、吞咽功能障碍，患急慢性疾病如吉兰—巴雷综合征、重症肌无力、进行性肌营养不良、癫痫和哮喘急性发作、喉炎喉头水肿导致喉梗阻等孩子易发生窒息。

3. 睡眠习惯

婴儿趴睡、小婴儿与大人同床而眠发生窒息概率较大。

4. 嬉戏行为

易导致窒息发生的不安全的嬉戏行为，如躲在柜子、冰箱等狭小封闭空间。

二、物理因素

（1）儿童活动区域存在围栏、栏杆等易卡顿物品；质地较柔软易缠绕的条状或带状物，如床单、围巾、束带、尼龙丝袜、软橡胶管、塑料绳、发辫、带绳的衣服、拉绳、塑料袋等；各种金属线、电线、钢丝绳、链条等；麻绳、棕绳、草绳、尼龙绳、皮带等；户外的野藤条、植物茎枝、树叉等。

（2）与儿童身高相仿高度的钉子、挂钩等容易钩住衣领的物品。

（3）着装、被盖厚重，毛绒填充物和其他覆盖物。

（4）居家使用柔软物品，如手帕、毛巾、衣服、棉花、被褥、枕头等。

（5）儿童床（车）围栏、床头与床垫之间、床与墙之间存在间隙。

（6）儿童能随意打开且进入后不易推开的冰箱、柜子或其他易入不易出的狭小空间等。

三、家庭、社会因素

（1）母亲未成年或者怀孕间隔时间过短，对新生婴儿或幼儿照护的人力和能力不足；母亲未掌握母乳喂养技能。

（2）多子女家庭；父母酗酒、吸烟、家庭暴力。

（3）各种糟糕的养育方式，如缠裹住婴幼儿全身的"蜡烛包"，或捆着孩子双手睡眠。

（4）照护人安全防护意识淡薄，尤其在婴幼儿睡眠期间，留无自主行为能力的孩子独处或独睡；忽略养育环境中对不同年龄段可能造成窒息危险物品的识别和警示。

（5）父母文化水平不高，父母失业或家庭经济收入低。

（6）农村留守儿童缺乏照护。

（7）缺乏对公众进行窒息急救技能培训和宣传。

（8）家庭、托幼机构和学校缺乏对儿童高危行为可能导致窒息风险防范的教育和指导。

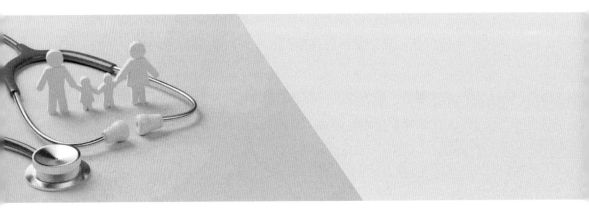

第三节　窒息发生时的危险因素

　　窒息的发生,有时候是无声无息的,尤其是稚嫩的婴幼儿,没有自救和呼救能力。如果监护人没有及时发现并阻断窒息发生时的危险因素,会造成难以逆转的后果。

一、个体因素

　　1. 年龄

　　发生窒息时,年龄越小,越难以挣扎和哭闹示警,容易被家长误解为"终于安静了"或"睡着了"而忽视,孩子不能发声且无人察觉,容易错过抢救时机。

　　2. 睡眠时

　　儿童睡眠时常被误认为最安全,其实小婴儿更易在睡眠中或醒来无监护人时,从床沿攀爬或滑落到围栏间隙、床头与床垫之间、床与墙的间隙中而无力挣扎哭闹,导致缺氧窒息。

3. 缢吊时

颈部的血管和气道压闭而引起窒息。缢颈时体位的不同，颈部通过缢索而承受的压力也不同。

4. 胸腹部受压时

一般成年人胸腹部受到 40 ～ 50 kg 的压力时，可导致死亡；一侧胸廓持续受压 30 ～ 50 分钟，也可引起窒息死亡；胸腹部同时受压，几十分钟也可发生窒息性死亡。物品的重量和持续时间与窒息的发生直接相关。

对于婴儿和幼小儿童，导致窒息的外物重量和作用时间仅需成人的几分之一，哪怕仅仅是成人的手或前臂搁置在其胸部，亦可引起窒息而死亡。

5. 头部被卡住时

导致头部向胸前过度屈曲或向背侧过度伸展等，都可影响通畅呼吸且不能发声，导致呼吸道受阻窒息。

二、物理因素

（1）儿童活动区域存在机动车、自行车、滑轮车或有齿轮的机器，容易绞转衣物、围巾、长裙等导致颈部被勒而发生窒息。

（2）意外性或灾害性事故如房屋倒塌、矿井或坑道塌陷、车辆翻覆、山体滑坡或雪崩、人群挤压。

（3）局部环境缺氧或者产生有毒气体的聚集，如废坑井、下水道、谷仓、地窖、纵深的山洞内、坍塌坑道、封闭的车厢、冰箱、箱柜等；居室内烧煤（碳）取暖；热水器安装在室内；在车库中发动汽车，未及时开出。

（4）处于狭窄、封闭、不通风环境的时间过长。

（5）不合格的婴儿床、过软床垫、过于宽大的被褥。

（6）喂养时乳房或奶嘴堵住婴儿口鼻；物品覆盖、堵住婴儿口鼻。

（7）儿童颈部被围栏或带状物等卡顿缠绕。

（8）各类带有绳、线、带状玩具或衣物。

三、家庭、社会因素

（1）儿童身边缺乏家长看护。

（2）家长或照护人缺乏识别能力，未及时发现并使儿童脱离窒息状态。

（3）家庭居住环境拥挤，物品堆积杂乱。

（4）相关婴幼儿用品、玩具、衣物、缺失质量安全监管。

（5）婴幼儿照护机构人员缺乏培训。

（6）可能引起儿童窒息各类服务场所缺乏警示。

第四节 窒息发生后的危险因素

案例：

> 2012年11月16日，贵州毕节市5名10岁左右男童辍学流浪，蹲在垃圾箱内用木炭生火取暖，导致5名儿童一氧化碳中毒死亡。

窒息发生后，生命就开始进入倒计时，能否在黄金5分钟帮助儿童脱离危险环境并进行窒息救援尤为重要。

一、个体因素

窒息全过程所经历的时间约5分钟。窒息后缺氧导致意识逐渐丧失、器官功能障碍，让孩子无法呼救和自救，常常会被误判为"睡着了"。一旦发生窒息或可疑窒息，要注意对儿童的呼吸、心率、脉搏、肤色进行评估，及时进行心肺复苏挽救生命。

二、物理因素

（1）不易脱离氧气缺乏的环境，有毒有害气体产生的范围广面积大，如化工厂泄漏或核污染等。

（2）不能脱离的狭窄封闭空间，如车门关上后自动反锁。

（3）移除造成窒息的物品困难或延迟。

三、家庭、社会因素

（1）发生窒息后，未及时呼叫急救转运系统或缺乏急救转运资源（人员、车辆、物资、药品）。

（2）家长及现场人员缺乏基本急救能力，未及时启动心肺复苏等救治。

（3）道路交通不具备转运条件。

（4）医疗机构的救治能力欠缺。

（5）窒息后的康复治疗的渠道和基金支持不完善。

第五节　窒息的预防策略

一、安全睡眠

（1）保持门窗通风透气。

（2）6个月前婴儿，严禁趴睡；1岁以前需要以仰卧姿势，确保婴儿睡在平坦、坚固的平面上。

（3）给孩子选择坚实的床垫、合适的床单和被褥，移除床上玩具、毯子、枕头、缓冲垫及其他装饰物。

（4）婴儿睡觉时，最好穿一件式服装，不要用任何物品遮盖住婴儿头部，不要在婴儿枕头旁铺放塑料布或使用软塑围嘴，以免被吹拂到孩子脸上。

（5）和孩子分享你的房间，而不是你的床；不要将你的手掌或身体其他部位压住孩子胸腹部；尽量让孩子独睡且小床靠近大床边，以便能随时看护孩子。

（6）白天孩子睡眠时，也要保持看护。

（7）睡眠环境远离煤气及热水器等，避免在室内烧炭、煤球或煤气等取暖。

二、婴儿床的安全

（1）婴儿床周围不要有角柱和挂钩等，避免宝宝宽松衣物被挂住。

（2）所有螺丝、螺栓以及其他五金部件必须拧紧，避免床散架坍塌引起儿童窒息。

（3）床栏间距小于 6 cm。婴儿床侧栏至少高于床垫 23 cm，避免可拆卸式床侧栏。当孩子长到 90 cm 或床栏高度低于孩子身高 3/4 时，更换床。

（4）避免使用床围，尤其不要用枕头状软床围保护宝宝。不要在婴儿床上放置不使用的枕头、被子或皮革、毛皮以及其他柔软物品。

（5）床垫大小合适，避免与床边之间存在空隙超过两指。

（6）床垫必须去掉所有塑料包装。

三、居家安全

（1）不要躺着给婴儿母乳喂奶，以防妈妈乳房堵住孩子口鼻。

（2）冬天出门包被轻柔保暖，不要裹得太严实。

（3）不要随手放置塑料袋，以免孩子套在头部玩耍导致窒息。

（4）幼儿攀爬滑梯等器械时，不要戴项链、围巾等颈饰，不要穿领子上有绳子的衣服，以免挂在器械上勒住颈部。

（5）箱柜及时上锁，定期排查是否有孩子容身的小缝隙。避免孩子处于狭窄、封闭、不通风环境的时间过长，避免孩子钻入关上门后能自动反锁的狭小空间。

（6）居家尽量不储存有毒有害气体，一旦发生泄漏须立即关闭和尽快脱离气源。

（7）固定好物件，防止家居环境中物品跌落和倾覆。

四、出行安全

（1）避免将孩子单独留在锁紧车门的车内。如果见到孩子单独留在车内，马上报警，必要时砸窗，以救助生命为第一要务；同时，确保孩子无法随时溜进车里玩耍或藏猫猫。

（2）车后座宝宝身边设置防窒息防遗忘的提醒。

（3）跟看护机构沟通好接送孩子的时间点。

（4）在沙堆、土堆旁玩耍一定要有监护人对孩子进行安全行为规范，避免扬沙窒息。

（5）户外活动远离废坑井、下水道、谷仓、地窖、纵深的山洞、坍塌坑道和工地等，避开易发生地震、泥石流、山洪、飓风、海啸等自然灾害的地区。

第三章
道路交通伤害

沈茜　赵莉　段凤仪

蒋迎佳　余涛　刘正元

第一节　概述

　　道路是连接不同地点的重要纽带，是为城乡发展运送人流、物流的重要通道。随着我国道路建设的日新月异，以及家庭轿车的普及，人们在享受道路交通发展带给生活便捷同时，极易忽略道路对儿童和青少年的安全危险。

　　道路交通事故伤害是发生于道路交通事故中的各种损伤，以机械性损伤多见，可导致人体组织、器官结构完整性的破坏或功能障碍。道路交通事故伤害既可发生在交通运输工具之外，也可发生于交通运输工具之内。

　　从全球来看，道路交通安全形势堪忧，每年约有130万人死于道路交通碰撞。全世界道路交通死亡者中约有一半是"弱势道路使用者"，即行人、骑车者和摩托车手。

　　道路交通伤害是全球15～18岁人群的第一位死因，是5～14岁人群的第二位死因。这反映出不同年龄儿童使用道路的方式不同。9岁以下的儿童在旅行、乘车或者步行时更多有父母陪伴，而9岁以上的儿童更趋向于独立出行，开始作为独立步行者，之后作为骑自行车者。对年龄尚小的儿童来说，男孩较女孩更易发生道路交通事故。但总体来说，道路交通伤害中男孩死亡率明显高于女孩。道路交通伤害一直位于我国儿童各年龄段伤害死亡三大原因之一。道路交通伤害病例在七八月是急诊病例最多的

插画设计：东城根街小学　张亦阳

季节，其中头部和下肢为主要受伤部位。

然而，道路交通伤害不能成为机动化和社会发展的代价，须采取有效措施将道路交通危险降到最低，让儿童拥有一个安全成长的环境！

第二节　道路交通伤害发生前的危险因素

案例：

2015年6月某日，宁夏银川市一名小学生过马路时未走斑马线，被一辆超速行驶的出租车撞倒后身亡。

当儿童进入道路交通环境时，就已置于危险之中。识别儿童道路交通伤害发生前的危险因素，提高防范意识显得尤为重要。

一、个体因素

1. 年龄及性别

年龄越小，身体发育程度越低，机体越脆弱，发生道路交通伤害的风险越高。儿童与成人相比，身材普遍矮小，不容易看到车辆或者被驾驶员看到，特别是蹲坐在地上的时候，由于车辆存在视野盲区，起步和转弯的车辆驾驶员很难看到，易发生危险。人的感知、认知程度与年龄密切相关，儿童对周围的听觉和视觉信息的综合处理能力有限，他们在道路环境中做出安全决定的能力也有限，会增加其道路交通伤害的危险。儿童直到 10～12 岁时才能将视觉信号整合起来形成有意义的信息。用脑部成像技术进行的神经生物学研究发现，部分脑叶前部（尤其是控制判断、决策、推理和冲动控制的前额皮质）到 20～25 岁才能完全发育成熟。

性别与道路交通伤害有很强的相关性。从世界不同地区发生的道路交通伤害中发现，男女比例从 3∶1 到 5∶1 不等，男性人数偏多，同时男性追求冒险和寻求感觉刺激较女性明显，故男性群体更容易发生道路交通伤害。

2. 性格特质

儿童性格特质常被认为是造成各种儿童伤害风险的主要因素。暴露在道路交通环境中，有冒险好动，或具有攻击性，或明显对立情绪的儿童，其行为抑制能力弱，发生伤害的风险高。

3. 道路使用方式

虽然儿童作为行人、骑自行车者、机动车乘客使用道路，但道路环境的设计是按照成人的主观需求来设置的。儿童步行者是道路交通伤害的高危人群。在儿童道路交通伤害事件中，有 2/3 是因为儿童步行者的违章行为，其次为乘坐机动车、乘坐非机动车、骑自行车。

4. 高危行为

儿童随意追逐打闹，任意使用滑板、脚踏车、玩具车等在路上穿行。在道路上步行时不专心，使用手机或耳机；存在猛跑、横冲直撞、忽然加速或中途折返等行为。乘车时，头手伸出窗外；未使用安全束缚装置；在车内嬉笑打闹。骑车时，未戴头盔，双手离把等；有时家长骑车时把孩子放在单车的车筐中。

《道路交通安全法实施条例》第七十四条规定：行人不得在道路上使用滑板、旱冰鞋等滑行工具。也就是说，滑板、旱冰鞋、滑板车、电动平衡车等工具都不得在道路上使用。成年人存在危险、不被允许的行为，未成年人更要严格禁止。在我国，法律禁止12岁以下儿童在公共道路上骑自行车。但近年来随着共享单车的出现，12岁以下儿童骑车上路的情况增多，安全问题日益突出。违规不走步行道、不走斑马线或过街天桥、闯红绿灯等现象屡见不鲜。

二、物理因素

1. 靠近车辆

无论停止或行驶中的车辆，靠近就存在风险。在小区、停车场、路段停车位等区域，车辆大多处于静止或缓慢行驶的状态。无论是儿童还是家长，更容易忽视其安全隐患，在这些看似平静安全的地方却危机四伏。据统计分析，15.9%的儿童交通事故发生在小区、停车场及路段停车位等区域。

离大货车、大客车等大型车辆过近。大车有两个危险点：一是盲区，大车车体越大，盲区也越大，驾驶人很难发现盲区中的人。二是内轮差，即在大车转弯过程中，前轮和后轮的转弯半径不同，形成内轮差。如果此时离大车很近，即使避过了前轮，也有可能无法避开后轮，从而造成危险。

2. 副驾驶座

有家长认为，孩子独自坐在汽车后座无法保证安全，不如坐在副驾驶座上或者自己抱着。很多孩子也因副驾驶视野更开阔，倾向副驾驶座乘车。其实孩子无论独自乘坐，还是被家长怀抱坐在副驾驶座上，都无法抵挡急刹车时的惯性作用，容易与挡风玻璃碰撞或直接飞出车外。若是乘坐配备安全气囊的汽车，安全气囊打开的瞬间速度可以达到320千米/小时，产生的碰撞力孩子根本无法承受。

3. 车辆设计

由于儿童身材矮小，车辆设计的缺陷成为儿童道路交通伤害的一个重要危险因素。标准的设计能够减少儿童步行者伤害的发生，降低伤害的严重程度，尤其是在儿童的头部与坚硬的挡风玻璃接触时。车辆设计者目前正在研究降低步行者伤害严重性的途径，其中包括通过设计柔软的汽车吸能前端，以防止步行者头部与车辆前端碰撞。目前许多车辆安装了倒车传感器和可视系统，有助于减少伤害的发生。

自行车人体工效学的改变能提高自行车的安全性，但坐在后座上的儿童的脚容易被车后轮绞住，60%的自行车没有预防此类伤害发生的保护装置。

4. 车辆运行状态

机动车或非机动车的照明、刹车、安全装置等各方面是否在正常功能状态、是否存在各类故障、是否按期进行检测等，都直接关系着车辆在道路上行驶的安全性。机动车或非机动车行驶中存在超速、超载，驾驶员是否饮酒、驾驶技术、驾驶方式以及身体状况等，都直接影响着车辆的运行状态，与事故发生的风险密切相关。

5. 天气

天气是环境因素中影响道路交通事故发生最为明显和严重的

因素。各类恶劣天气条件对驾驶员、道路条件、车辆性能、车辆运行等产生直接影响，易导致交通意外的发生。天气良好，适宜出行，儿童外出增加，也可增加交通意外发生的概率。

6. 季节与时间

一年中，儿童交通意外发生率最高的月份是7—8月，这与时值暑假，儿童道路出行增多有关。一周中，周末是交通意外发生最多的时间段。周末人群整体道路出行流量增多，儿童参与道路交通频次增大和时间增长，由此增大了儿童发生交通意外的概率。一天中，儿童发生交通意外最多的时间段是16—18点，这期间正值儿童放学，道路上交通流量集中，大量不同的交通工具在同一时间集中到了同一区域，使意外发生概率增加。

7. 道路与设施状况

儿童在道路环境中经常参与的活动有骑车、行走、跑步、玩耍以及其他集体活动，因此保持道路环境的安全很重要，这样才能使儿童在参与这些活动时避免把自己置于危险之中。一些特定的环境因素增加了儿童使用道路系统的危险，这些因素包括：每天交通容量超过标准的机动车的区域；土地使用和路网缺乏合理规划，造成高速的长直公路，与居民住宅、学校和商业网点的混合土地利用；缺乏活动场地，导致儿童在道路上玩耍；缺乏将道路使用者分开的设施，如骑自行车者和儿童步行者的专用车道和人行道；街道摊贩的存在，造成儿童可能在道路停留聚集；缺乏安全有效的公共交通系统；道路缺乏秩序管理，未设置信号灯和交通标志线，缺乏道路照明和监控；等等。

三、家庭、社会因素

（1）家长或照护人缺乏风险意识。

家长在孩子交通安全中承担着极其重要的引导和教育责任，如果未意识到道路、车辆本身存在安全风险，放任儿童在道路上

插画设计：东城根街小学 张亦阳

随意活动或随意使用各类交通工具，极有可能发生意外。甚至部分家长、成人在陪伴儿童出行时，故意违反交通法律法规，成了儿童不安全行为的反面例子。

（2）缺失监护。

单亲父母、在职工作的父母、患病或情绪不佳的父母照顾儿童的能力有限，农村留守儿童缺失照护，单独出行，缺乏成人陪伴，这是儿童道路交通伤害的一个危险因素。有些家长虽陪同儿童出行，但看护不专心，也等同于儿童缺失监护。对于年龄较小的孩子来说，家长的监护水平直接决定着孩子的安全水平。

（3）城乡差异。

城乡道路建设和交通管理不平衡，儿童交通意外的发生有明显的城乡差异，流动人口和郊区人口中的儿童是步行交通伤害的脆弱人群。

（4）立法缺乏与执法不严。

应立法保护儿童交通安全和乘车安全，规范儿童、青少年骑自行车、摩托车等交通工具的行为，同时明确严格的法律责任，处罚违章行为。从政策法规上看，我国现阶段还处在"理应""激励"等非强制环节。以上海为例，有报道介绍，"2015年上海儿童安全座椅的使用率约5%，至2019年提高到8%，最高的时候是新修订的《上海市道路交通管理条例》颁布，安全座椅的使用率达到12%"。可以看出，立法后只要有足够的宣传和严格的执法，是能够逐步改善使用情况，帮助公众养成一个良好习惯后演变成一种社会观念的。

（5）社区、学校、公共场所等未提供安全的活动场所。

（6）家庭经济能力较差，难以提供相关安全教育和安全防护装备。

第三节　道路交通伤害发生时的危险因素

案例：

2020 年 7 月 9 号，苏州太仓一辆轿车在路口左转弯时，与对向直行的一辆卡车相撞，巨大的撞击力将轿车弹回，又撞上了同向行驶的另一车辆，轿车内后排坐在安全座椅上 10 个月大的女婴毫发未伤。同月，张家港一辆轿车在行驶中与一辆重型半挂车前部相撞，被妈妈抱在怀里的 6 个月大婴儿，在巨大冲击力作用下被甩出车窗死亡。

交通意外伤害往往是瞬间发生，涉及的人体损伤机制十分复杂，主要原因在于汽车处于运动之中，人体也是处于运动状态中，整个损伤过程十分迅速。

一、个体因素

1. 年龄

在中国，15 ～ 18 岁人群是道路交通事故中最容易受到伤害的群体，其次为 6 ～ 11 岁和 2 ～ 5 岁人群。1 岁以下幼儿在全年龄段受伤害占比最小，但死亡率最高。对 15 ～ 17 岁人群而言，其道路交通出行能力已经很强，但驾驶经验不足、好胜心强而操控能力不强，造成其驾驶事故频发。随着孩子长大了，不再受到成人的特别关注，较少采用或不采用车辆安全设备，从而造成道路交通事故受伤概率较高。

2. 身高和座位位置

作为行人，交通事故致伤机制主要为撞击、摔跌、拖擦、碾压，出现概率依次减小。儿童被撞击的部位因身高差异而出现不同，低龄儿童多为高于人体重心的躯干或头部，后者可造成严重的颅脑创伤。青少年多为躯干或下肢。巨大的冲击能量传递给人体，易造成外伤不明显，内伤却十分严重的撞击伤。横穿道路时，侧面被撞击的发生率较高，被撞一侧可见撞击伤，而另一侧多为摔伤。

车内乘坐人员，交通事故致伤的主要机制为与车内相应部件碰撞、摔跌、砸压、挤压及车外异物刺入等。事故发生时，车内相对静止的人体因惯性发生向前和反弹向后的运动，与其乘坐位置的周围物件发生撞击，撞击后人体可摔跌在车内或车外，随后可能被车内物品、车体或变形部件砸压和挤压。小型客车或轿车的前排乘客在交通事故发生时，最容易受伤，其伤亡率高于驾驶员和后排乘客。前排安全气囊对孩子也起不到保护作用，安全气囊的打开速度为300千米/小时，在其爆开的瞬间可产生相当于一个空手道高手的力量，将一个西瓜击得粉碎。1.4米以下的儿童坐在前排位置，头部的高度刚好和安全气囊的高度相近，在安全气囊打开时，其头部很容易被击中。而后排乘客损伤以四肢损伤多见，且下肢多于上肢。

家长抱着孩子乘车时，一旦发生交通事故，儿童受到的伤害是最严重的。如果汽车发生碰撞，在惯性的作用下，会产生强大的冲击力，相当于4～6个成年人体重的总和，在这种情况下，任何人都无法抱住怀里的孩子，易造成孩子摔跌和碰撞。

安全带是基于成年人的身高和体重所设计的，只能保护身高1.45米以上的人，低于这个高度，在惯性作用下，安全带很容易勒到乘客颈脖，折断脖子或者造成窒息。

3. 儿童健康状态

体弱、营养不良、肥胖、急慢性疾病状态等会让儿童在发生道路交通事故时更加脆弱，受到的伤害更大，死亡风险随之增加。

4. 醒目性

在道路交通伤害中，弱势道路使用者如果不能被其他道路使用者及时看见，未能采取规避动作来避免碰撞，其发生道路交通危险性就会增加。儿童由于身材矮小，被机动车驾驶员看到的可能性小，醒目性较低，因此遇到危险可能性更大。提高道路使用者的可见度也是减少道路交通伤害危险的一种途径。

增加醒目性的措施有：利用带状反光贴按照需要的长度，用双面胶粘贴在孩子的自行车、书包以及外套上；佩戴醒目颜色的头盔；接送儿童的校车颜色醒目并在车身上增加反光标识；机动车驾驶员及时开启车灯；等等。

5. 缺乏保护儿童的设施或使用不当

系上安全带可使驾驶员和前座乘员的死亡和重伤风险降低 45%～50%，后座乘员的死亡和重伤风险降低 25%。我国《道路交通安全法》已明确"身高不足 140 厘米的乘车人乘坐家庭用车，应当使用符合国家标准的儿童安全座椅或者增高垫等约束系统"等措施。正确使用儿童安全座椅，在交通事故的碰撞中，可以降低婴儿 70%、幼儿 54%～80% 的死亡率。在骑行过程中，正确使用头盔，可以降低 42% 的死亡风险和 69% 的头部受伤风险。

二、物理因素

1. 车速

人体损伤与车辆行驶速度密切相关。速度直接决定着撞击力量的大小，决定撞击发生后人体被抛掷的距离与高度。不同车速撞击时，人体受撞的位置及受撞后的姿态有较大差异。平均车速每增加 1 千米 / 小时，人员受伤的碰撞事故发生率就上升 4%，致命碰撞事故发生率上升 3%。

2. 不安全的车辆

安全的车辆在避免碰撞和减少重伤可能性方面可以发挥关键作用。例如，要求车辆厂商满足正面和侧面碰撞法规要求，安装电子稳定性控制系统（以防止过度转向），并确保所有车辆安装气囊和安全带。缺乏这些基本标准，不论是车内还是车外，人员的交通受伤风险都会显著增加。

3. 车内外物品

车内悬挂大量装饰物，特别是一些尖锐的、硬的小物件，会在事故中刺伤、砸伤人体。此外，车外存在的树木、柱子、石块等，可能对被抛出车外或步行儿童产生二次伤害。

4. 分心或疲劳驾驶

各种各样使人分心的事都会影响驾驶员。手机导致的分神已成为日益严重的道路安全问题。使用手机的驾驶员比不用手机的驾驶员发生碰撞的风险约高 4 倍。驾驶时使用手机使驾驶员反应变慢（主要影响刹车反应时间，也影响对交通信号的反应），难以保持在正确车道内行驶及保持正确的跟车距离。使用免提电话并不比手持电话安全多少。而发短信显著增加车辆碰撞风险。

疲劳驾驶，使驾驶员产生生理机能和心理机能的失调，在客观上出现驾驶技能下降，导致交通意外风险增加。形成驾驶疲劳的主要原因有以下几点：

（1）生活压力大，精神负担重，家庭关系不和睦。

（2）睡眠质量差，睡眠时间太少。

（3）车内环境：空气质量差，通风不良；温度过高或过低；噪声和振动严重；座椅调整不当；与同车人关系紧张。

（4）车外环境：在午后、傍晚、凌晨、深夜时段行车；路面状况差；风沙、雨、雾、雪天气行车；交通环境差。

（5）运行条件：长时间、长距离行车；车速过快或过慢。在高速公路上行驶，交通干扰少，速度稳定，行车中的噪声和振动频率小，易使驾驶人产生单调感而困倦瞌睡，出现"高速公路催眠现象"。

根据《中华人民共和国道路交通安全法实施条例》第六十二条第七款规定：驾驶人连续驾驶4小时以上应停车休息，休息时间不得少于20分钟。

5. 驾驶员身体条件

体力、耐久力差；视、听能力下降；患有某种慢性疾病；女性生理特殊时期（经期、孕期）。驾驶员饮酒或服用其他精神活性药物后驾驶，会增加导致死亡或重伤事故发生的风险。驾驶员定期体检能降低事故发生的风险。

6. 驾驶技能

驾驶员技术水平低、操作生疏；驾驶时间短、经验少；驾驶员处理突发事故的能力欠缺；等等。

7. 不安全的道路基础设施

道路设计时应牢记所有道路使用者的安全，也就是说，应确保行人、骑车者和摩托车手都有足够设施。便道、自行车道、安全的人行横道及其他减缓车速措施在减少这些道路使用者受伤风险方面发挥着关键作用。

三、家庭、社会因素

（1）缺乏车内和道路上的安全氛围。

（2）缺乏道路交通事故预警。

（3）交通法执力度不足。

（4）家庭经济状况不佳，影响对交通工具安全性的关注。

第四节　道路交通伤害发生后的危险因素

案例：

　　2020 年 2 月 25 日中午 1 时，家住镇安县的周先生带着 5 岁的女儿前往家门口的菜市场，途中孩子突然挣脱了爸爸的手向前方跑去，就在这个时候，一辆小型轿车撞向女童。车祸造成女童开放性颅脑损伤，右侧额骨骨折，右眼眶壁、额窦壁多发骨折，颅内积气，双肺挫裂伤，肝脾挫裂伤等。经过现场急救，120 救护车将其紧急转运到了西安儿童医院，通过多学科团队的救治，最终转危为安。

　　道路交通意外发生后，各种机械性损伤可能会导致儿童死亡，进一步了解道路交通意外发生后的危险因素，并进行有针对性的改进，有助于挽救受伤的儿童。

一、个体因素

　　1. 儿童恢复能力

　　儿童的生命力脆弱，一旦发生道路交通意外，极易导致生命危险。如伤害非致命并得到及时救治，儿童的修复再生能力和恢复能力比成人强。

　　2. 身体状况

　　发生道路交通意外后，如果儿童受到创伤重或多发创伤，导致其整体状况不佳，死亡和伤残风险增高。如采取了正确的安全防护措施，能有效避免严重创伤，保障儿童身体状况良好，获得救援机会，降低其死亡和伤残风险。

3.创伤后并发症

道路交通事故损伤非常多见，情况复杂，表现为多发性和复合性，同时会出现各种并发症，导致儿童死亡和伤残风险增高。

二、物理因素

发生道路交通事故后，应及时帮助儿童脱离事故现场。事故现场充满各种风险隐患，如车体内的机油箱、机械以及车载危险品等，都有可能发生爆炸而形成二次伤害。发生交通事故后，应及时警示后续车辆，避免再发事故导致加重损伤甚至死亡。

三、家庭、社会因素

1.现场救援机械设备

发生道路交通事故后，车辆挤压变形，常需要机械设备辅助进行救援，移除受损车辆和其他重物，及时解救被困儿童。

2.及时启动院前急救

"时间就是生命"，一旦发生交通意外，要及时呼救，启动院前急救，如果缺乏通信设备、发生道路拥堵等，均可延误启动院前急救。

3.急救设备、设施

急救转运车上需要配备适合不同年龄段儿童的急救器械、设备、药品，以保障受伤儿童现场和转运途中得到必要的医疗救治。

4.现场人员急救能力

交通意外发生后，专业救援人员无法立刻抵达现场，现场非医疗人员的紧急处置能力直接关系到受伤儿童预后。非医疗人员应掌握儿童基本生命支持技能和外伤、骨折的简易处理能力。如果缺乏相关培训，往往手足无措，无法给予受伤儿童正确的施救。

5. 专业救援人员能力

儿童有其特殊的生理特点，发生意外时，相较成人更难表述清楚，对专业救援人员的现场处置能力要求更高。

6. 缺乏对受伤害者的支持性环境

伤害发生后，社会（社区）为受害者及其家庭提供的支持力度小，未提供相应医院和康复机构信息、无法及时提供心理干预；缺乏对幸存残疾儿童回归社会的帮助。

7. 儿童专科医院救治和康复能力

送入医院是受伤儿童的生命得到挽救的第二个阶段。医院应具备儿童创伤和重症救治能力，建立儿童多学科诊疗模式。应保障提供医疗服务的人力资源（包括技能、培训和人员队伍）和硬件设施（包括设备和供给）。严重道路交通事故的受伤幸存儿童往往会留下不同程度残疾，需要专业康复机构提供规范、持续的康复治疗。

8. 多部门协作不足

交通事故管理是一项系统工程，需要全社会的参与，需要家庭、学校、交通、医疗卫生、公安部门等多方面的协作。

第五节　道路交通伤害的预防策略

一、步行安全

（1）8 岁以下儿童不单独出行。

（2）走路不分心，专心看路面，不使用电子产品。

（3）夜间步行有潜在危险，需要穿戴反光物件。

（4）按照交警或交通信号指示行走。过马路时走斑马线。从两车间过马路时，停、看、过。停下来，观察路边停止的车辆是否即将起步；如果确定车辆是静止的，要走到车辆前面，再次停下来观察，确保没有来车时再从容快速通过。

（5）过马路时，家长一定要握住低龄孩子的手腕。

（6）不将道路作为休闲玩耍的区域，不在道路上随意使用滑板、脚踏车、玩具车，不在道路上随意追逐打闹。

（7）远离各种车辆，尤其大型车辆和快速行驶的车辆。

二、骑行安全

（1）驾驶自行车、三轮车必须年满 12 周岁，驾驶电动自行车必须年满 16 周岁。

（2）儿童在公园、休闲场馆等地方使用平衡车、滑板车时，需要在家长的陪同下进行，并佩戴护具。

（3）儿童每次骑行都必须佩戴头盔。

（4）正确佩戴头盔：

第 1 步，确保头盔尺寸合适。用服装卷尺或一根绳子在孩子眉毛上方绕额头测量，能比较准确地获得孩子的头围尺寸，可据此选择头盔标签上对应的尺寸。

第 2 步，通过调节头盔垫或内部松紧调节器，确保头盔贴紧。

第 3 步，调整侧绳，让对扣带在耳朵的两侧面形成 V 型。

第 4 步，将下颚处绳子调节至能容下家长一两根手指，确保松紧合适。

第 5 步，经常检查调整，以防孩子自行松动扣带等。

此外，每次佩戴前都应进行调试。

三、乘车安全

（1）一定要让儿童坐在后排，尽量避免儿童单独坐在后排。

（2）乘车时，无论距离远近，都必须使用约束系统。当儿童身高超过 145 cm 时，应使用安全带。身高不足 140 cm 的儿童应当使用符合国家标准的儿童安全座椅或者增高垫等约束系统。

（3）不抱着孩子乘车。

（4）要注意根据儿童的年龄、体重、身高，结合家庭乘用车特点选择合适的安全座椅，并严格按照说明书提示安装：

①1 岁以下婴幼儿，需要使用反向安装的儿童安全座椅（图 1）。

②3～10 岁的儿童应当换为前向式儿童坐椅。

③ 4岁左右开始使用增高垫，并要保证安全带的肩带在儿童的肩部，跨带在儿童的胯部。

④注意检查安装是否牢固，方法是两手按住桌椅晃动，前后左右移动不可超过 3 厘米。

（5）任何时候，不单独把孩子留在车内。

（6）车辆运行时应启动童锁。

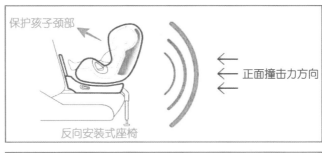

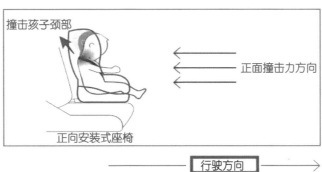

图 1 反向与正向安装式座椅

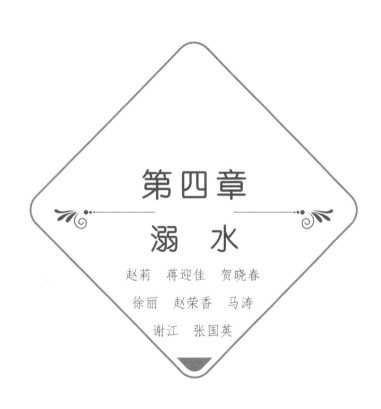

第四章
溺　水

赵莉　蒋迎佳　贺晓春

徐丽　赵荣香　马涛

谢江　张国英

第一节　概述

案例：

　　每年入夏，溺水的悲剧高发，2021 年 7 月 12 日，浙江诸暨璜山镇 6 名男孩相约去家附近的河滩游泳，其中 4 人不幸溺亡。

　　水乃万物之源，与人类的生活密不可分，各类水上游戏活动伴随儿童成长，给他们带来了无限快乐。但水并非至善至柔，一旦进入人呼吸道，就会阻止呼吸，导致生命危险。溺水（又称淹溺）是指人淹没于水或其他液体介质中而发生呼吸损伤的状况。

　　就全球范围而言，溺水是一个被严重忽视的威胁健康安全的公共问题。儿童和成人一样面临溺水风险，全世界每天有超过 450 次的儿童溺水事故发生。

　　溺水的发生隐匿且快速，通常几分钟之内就可导致死亡。溺水致死的机制有：① 低氧血症和代谢性酸中毒；② 血流动力学和电解质改变，如低血压及致命性心律失常；③ 低温伤害；④ 潜水反射，是因存在于面部的三叉神经受寒冷刺激后引起的机体反应，体现在迷走神经兴奋带来的一系列生理变化上。患者的症状主要表现为呼吸停止、外周血管收缩和心动过缓，儿童易发。此外，非致命的溺水也可导致严重的神经系统损伤。

插画设计：东城根街小学　李博文

第二节　溺水发生前的危险因素

案例：

　　2020 年 6 月某日，重庆米心镇 8 名小学生周末放假相约在涪江宽阔的河滩处玩耍，期间有 1 名学生不慎失足落水，旁边 7 名学生前去施救，造成施救学生一并落水。经全力搜救打捞，8 名落水小学生全部打捞出水，均无生命体征。

　　一旦发生溺水，结果往往是致命的。应提前关注溺水发生前存在的各方面潜在危险因素。

一、个体因素

　　1. 年龄及性别

　　溺水是我国 1 ～ 14 岁人群意外伤害死亡首位原因，是 15 ～ 18 岁人群意外伤害死亡第二位原因。1 ～ 4 岁是溺水最高危年龄段，男孩溺水风险高于女孩。

插画设计：东城根街小学　李博文

　　2. 体能状态

　　一是患有急慢性疾病、残疾、严重营养不良、智力障碍、生长发育迟缓等的儿童体能降低，接近暴露水体后溺水风险增加；二是儿童饮用含酒精饮料、镇静类等特殊药品后下水。

3. 性格及行为

性格活跃、独立性强、喜欢冒险探索的孩子；同伴影响，结伴或迫于同伴压力；儿童独自到户外开放性水域取水、洗涤、钓/捉鱼、玩耍、游泳；在泳池里/周围嬉戏打闹；到非安全区游泳；盆浴或浴缸泡澡。

4. 游泳能力

不具备游泳能力的儿童在水体中发生溺水风险极高。建议儿童在4～8岁学游泳比较合适。这个年龄段的儿童，心肺功能发育比较完善，出现危险的概率也会降低。同时，该年龄段儿童的手臂和腿部比较有力量，为学习游泳做好了准备。

1岁以内的婴儿，不仅心肺功能未发育完善，还容易在游泳时喝或呛水，也有可能因为婴儿身体无法适应水温而发生低体温。脖子上的游泳脖圈，可能会造成颈椎关节的损害，甚至压迫气管，引起呼吸困难，还可能压迫颈部的颈动脉窦，引起血压下降和心率变慢，导致休克。因此，对于1岁内的婴儿，学习游泳是弊大于利的。

二、物理因素

暴露于危险水体是溺水最主要的危险因素，提前寻找儿童生活环境中可能遇到的各种危险水体，并进行清除或隔离显得至关重要。

1. 家庭环境

家中存在3 cm以上深的积水蓄水容器（桶、盆、缸、池等），无盖；家中有浴缸、马桶设施；积水蓄水容器盛水，未及时倾倒。

2. 公共场所

水井、池塘、水库、社区公园的水景喷泉；因工程建造形成的开放性危险水体，如沟渠、下水道、粪池、石灰池、建筑工地蓄水池、窨井等；游泳池、公共洗浴池、婴幼儿游泳馆。

3. 自然环境

江河湖海自然水体；陌生环境的各类水体；水体附近湿滑、不平或存在陡峭表面。

4. 季节气候因素

一年四季均可发生，多发生于雨季和炎热季节。我国 7、8 月是儿童溺水最多见的季节，其中 8 月占比最高。

5. 自然灾害

暴雨积水、洪水、台风等。

6. 基础设施

家中缺乏安全供水，需要到户外开放性水域或未加盖蓄水容器中取水；缺乏安全桥梁、索道等水上通道；缺乏安全水上交通工具。

三、家庭、社会因素

（1）忽略对儿童生活环境中各类危险水体的识别，单独将儿童暴露于危险水体附近。

（2）照护人安全防护意识淡薄，缺乏监护。看管儿童时不专心，分心玩手机、打电话、聊天等。多人看护时更容易大意。对于年长儿童或具备游泳技能的儿童疏于监管，任由其依赖同伴或年长儿童的照顾。

（3）照护人年老体弱、患病、饮酒等，不具备监督和照料儿童的能力。

插画设计：东城根街小学　李博文

（4）家庭的收入低、家庭子女多、父母失业或文盲。

（5）政府部门对公共危险因素预处理是否到位，如松动井盖、暴雨洪涝预警、危险水体围栏警示、各类危险水体围栏等。

（6）各类水上运动或娱乐项目的安全监管缺失。

（7）缺乏持续的儿童溺水防治的健康宣传。

（8）缺乏或不关注恶劣天气预警和应急策略。

（9）水上交通工具不符合质量安全标准，存在超载等危险因素。

第三节　溺水发生时的危险因素

案例：

2019 年 8 月 23 日，四川宜宾叙州区一家游泳馆发生幼儿溺水事故，导致一名两岁男童溺亡。监控视频显示男童事发时身上套着游泳圈，独自在泳池中玩耍，未见监护人出现。男童在泳池中栽倒在水中，头部向下。男童在游泳圈侧翻后由于脚卡在圈中无法挣脱，倒挂于水中。挣扎 1 分钟后，男童身体逐渐不动。其间，监护人视线脱离幼儿的时间长达 6 分钟。

为所有家长敲响警钟，溺水如同一个动作敏捷的无情杀手，发生过程十分迅速，当儿童与水亲近、接触各类水体时，就有可能发生溺水！

一、个体因素

（1）未使用合格的水上安全装备。

儿童进行各类水上活动时，要穿戴合格的个人漂浮装置，可有效减少溺水发生概率。个人漂浮装置包括救生衣、游泳浮漂、稳定性高的游泳圈等漂浮装置。水上娱乐用的充气游泳圈或漂浮物品无救生作用，婴儿游泳脖圈也不是合格的个人漂浮装置。

（2）缺乏游泳生存技能。

儿童大多天生爱亲近水，不会游泳或缺乏水上安全技能，让儿童难以脱险而使得死亡的风险增高。适龄儿童学习游泳，可以按照WHO《预防溺水：实施指南》中提出的适龄儿童安全游泳项目训练，包括3项呼吸技能、10项游泳技能、2项生存能力及3项初级救援技巧。

（3）体能状态。

水性好≠不会溺水，"善水者溺于水"，莫要高估儿童的游泳能力而发生溺水。游泳时出现疲劳抽筋，也极易发生溺水。儿童在水中活动时间过长，包括婴幼儿盆浴时间过长，会造成体能降低，易发生溺水。

（4）对溺水的行为模式缺乏了解，无法识别儿童溺水而进行及时科学施救。突然落水或遭遇淹溺，对每个人来说都是一种突如其来的严重打击。生死存亡之际，应激状态不尽相同。溺水者不慌乱，大声呼救，能听懂并领会救援者的建议，配合营救，这是溺水时理想的反应模式。但大多数儿童溺水时处于慌乱恐惧状态，表现为惊慌失措、胡乱挣扎，无法听从和理解救援者的建议，也不能配合救援行为，从而增加了救援难度。婴幼儿由于活力较弱，在溺水过程中缺乏明显挣扎行为，出现静默状态，容易被看护人或救援者忽略。

插画设计：东城根街小学　李博文

二、物理因素

1. 水体性质

儿童暴露于各种水体中，溺水风险及危害不同。根据水的性质进行分类，在海洋中发生的溺水称高渗溺水（也称咸水淹溺），在江、河、池塘、游泳池等处发生的溺水称低渗溺水（也称淡水淹溺）。高渗溺水时，海水进入呼吸道，对肺泡的伤害非常严重，血液循环中水分向肺和支气管内转移，加重肺水肿，缺氧更加严重，如此恶性循环，导致溺水者死亡。低渗溺水时，血液循环中的低渗状态导致水分不断进入红细胞，直至超过红细胞的耐受极限造成破裂，发生溶血，严重溶血会导致肾衰竭，发生心搏骤停，使溺水者死亡。

2. 水温

低温是寒冷区域淹溺死亡的最主要原因。水的导热能力约为空气的 25 倍，当人浸泡在冷水中时，体表温度会快速流失，造成人体因失温而丧生。

3. 水中物体

儿童暴露于水体中时，如果无立足点、无靠岸抓扶物、水体底部存在尖锐物、水体底部打滑无法站立，甚至自然水体中存在的植物或动物均可使溺水发生。

4. 水流

各种江、河、湖、海受天气、季节、地质灾害等影响会出现各种突发激流或巨浪吞噬生命，如钱塘江观潮、海边涨潮落潮。

5. 水体深度

水体越深，溺水风险越大。暴雨时，突发洪涝，短时间水体深度会急剧增加的地点均可能导致溺水。

三、家庭、社会环境因素

（1）水上运输或水上运动场所缺乏合格的漂流装置和救生设备。

（2）照护人缺乏现场应急技能。

（3）户外水域缺乏溺水预警和水体隔离。

（4）家长和照护人缺乏溺水的防治培训。

（5）学龄期儿童缺乏溺水的健康教育。

（6）公共场所水体景观设计忽略儿童溺水的风险防范。

第四节　溺水发生后的危险因素

案例：

2021年8月某日，东莞市消防救援支队比武集训队6名队员正在佛灵湖开展水域救援训练时，看到湖中心有人溺水。2名队员快速游到溺水者身边展开紧急救援。最先到达的消防员马上脱下救生衣帮溺水者穿上，经过紧张救援，6名消防队员和游泳场救生员协作成功将溺水者安全救助至岸上。

溺水缺氧2分钟，人体便会丧失意识。缺氧5分钟，神经系统便会遭受不可逆的损伤。因此应抓住黄金救援时间，尽力降低溺水可能导致的各种伤害。

一、个体因素

1. 溺水时间

溺水时间越长，大脑缺氧时间也就越长，产生的后遗症越严重，甚至死亡。

2.游泳能力和自救能力

具备一定的游泳和自救能力，能在溺水发生后冷静面对，获得一线生机。

3.体能状态

溺水后如果没有发生抽筋和过度疲劳，就能增加获救的概率。抽筋的主要部位是小腿和大腿，有时手指、脚趾等部位也会抽筋。这时应停止游动，先吸一口气，仰面浮于水面，拉长伸直抽筋部位直至缓解。如果疲劳过度，应马上游回岸边。如果离岸甚远，或过度疲劳而不能立即回岸，就仰浮在水上以保存体力，等到体力恢复后再游回岸边或者等到救援者抵达。

二、物理因素

1.水流

流动水体，流速快，冲击力大。第一，溺水发生时，水流往往在极短的时间内将溺水者冲向下游，使溺水者的位置不断处于变动之中，很难进行准确的定位，盲目性强，使得施救距离远，时间长。第二，江河海洋看似平静的水面，大多存在漩涡，吸附力强，一旦卷入很难摆脱，生还机会小。第三，江河大多水质浑浊，能见度低，施救者很难进行准确的定位，施救的难度大。因此，开放性水域发生的溺水，往往很难救治，甚至还没来得发现，就已经丧生。

2.水中物体

溺水后，如果有肢体被水中水草等缠绕更难解脱，或在淤泥中越陷越深。

3.水温

低温增加了淹溺者生还的希望，低温亦使复苏难度增加。低体温者室颤发生率较高，在抢救低体温淹溺者时，如缺乏除颤设备，难以挽救生命。对在水温低的水域发生淹溺心脏停搏者，心肺复苏的时间应该适当延长，千万不要轻易放弃抢救，同时采取保暖升温措施。

三、家庭、社会环境因素

（1）溺水的应急救援要求能在最短的时间内，运用最为高效的救援手段，完成赴救、打捞、现场急救和紧急送医的救援过程。目前缺乏专业的防溺水保障机构和成体系的溺水事故保障队伍，造成急救和消防部门反应时间滞后、救治效率低下。

（2）空中、地面、水上交通的公共救生通道需要保持常态畅通，以保障救援力量快速抵达现场。当溺水地点附近的道路交通不便捷，或医疗消防救援点距离遥远时，挽救生命的难度增大。

（3）急救现场无可用的急救工具或急救资源。救援人员的技能和装备是一般人所不具备的，没有相应的救援设备物资配置就难以进行有效施救。施救时，应向落水者抛投绳索及漂浮物（如救生圈、救生衣、救生浮标、木板、圆木、汽车内胎、绳索等）。

（4）溺水发生后，完成现场急救后，原则上应尽快转运到最近的拥有儿童重症监护病房（PICU）的三级医院，转运路途越短越好。

（5）医院救治能力越强，抢救成功率越高。若能够复苏成功，尽早开始脑保护治疗，并在后期转至康复机构进行专业的康复指导及训练，溺水者神经系统后遗症将得到有效的改善。

（6）防溺水安全保险系统在我国属于事后赔偿和处理体系，防溺水保险能够为溺水者及家庭降低财务风险，解除其后顾之忧。但目前，我国尚无针对溺水事故进行强制性的保险要求，仅在《经营高危险性体育项目许可管理办法》中第三章第二十六条规定："国家鼓励高危险性体育项目经营者依法投保有关责任保险，鼓励消费者依法投保意外伤害保险。"同时儿童未能全面覆盖，缺乏针对性。

（7）缺乏溺水预警机制和救援演练。

第五节　溺水的预防策略

一、婴幼儿溺水预防策略

（1）消除家中危险水体。

（2）无论在室内、室外或其他地点的水中或水旁，始终有成年人专心照护婴幼儿，与婴幼儿距离保持在伸手可及的范围内。

（3）在开放水体附近安装隔离设施，防止婴幼儿接近各类危险水体。

（4）各类水上活动，提前了解水体情况和安全措施。乘船出行要使用合格的个人漂浮装置。

（5）提前做好婴幼儿洗浴的各项准备，洗浴设施或物品符合防滑等质量安全标准。避免洗浴时间过长、水量过多、水温不适宜等。疾病状态避免盆浴。

（6）如遇婴幼儿不慎将口鼻没入水面或发生溺水，应快速将婴幼儿脱离水体。如检查无呼吸或心率异常，应及时拨打120，并同时进行现场急救复苏。

二、儿童和青少年溺水预防策略

（1）家中及社区使用安全的用水设施，定期检查维护。

插画设计：东城根街小学　李博文

（2）自觉远离并劝告同伴远离户外开放性水体或不明水体，不私自或擅自结伴游泳、戏水、钓鱼等。

（3）定期对危险水域进行安全隐患排查，危险水体周围应安装隔离设施和警示标识。

（4）学会基本游泳技能、水上自我安全救援技能。

（5）在设有专职救生员和急救设备的安全场所进行游泳等水上活动。

（6）使用符合安全标准的水上漂浮装置。

（7）提倡"保己救人"，在自己生命得到安全保障的前提下方能去救别人。禁止不会游泳的人下水救人，禁止未成年人下水救人。

（8）游泳时不饮酒、不服药、不过饱、不疲劳。

三、正确救援。

1. 救援前的准备

所有救援者必须明确：救援者自己的安全必须放在首位。只有先保护好自己，才有可能成功救人。摒弃"舍己救人"，在自己生命得到安全保障的前提下方能去救别人。

2. 施救时的注意事项

（1）尽可能呼唤多人参与救援，救人者的数量如同"韩信将兵，多多益善"，人多力量大。除非万不得已，应尽量避免单人施救，以免发生不测，无人帮助。

（2）不要盲目下水：因为水情不同，水下有许多未知因素，即使是会游泳者甚至是游泳健将也不要盲目下水。应尽可能地采取岸上救助法，下水救人是万不得已而为之的最后措施。

（3）禁止不会游泳的人下水救人。

（4）禁止儿童下水救人：无论儿童是否会游泳，他们的心智及体力均无法胜任抢救溺水者的工作。

（5）救援时如发生意外情况，应及时终止救援。如果感到极度疲劳、水温度过低、呛水、头晕眼花、胸壁憋闷、呼吸困难、四肢僵硬等，应立即放弃救援，赶紧实施自保，切勿继续勉强救人，以免葬送自己的生命。

（6）及时呼叫专业救援人员。专业救援人员的技能和装备是一般人所不具备的，因此发生淹溺时应该尽快呼叫专业急救人员（医务人员、涉水专业救生员等），让他们尽快到达现场给予救助。

（7）充分准备和利用救援物品。救援物品包括救生绳、救生圈、救生衣及其他漂浮物（如汽车内胎、木板、泡沫塑料等）、照明设备、救援船只、医疗装备等，良好的救援装备能使救援工作事半功倍，应学会就地取材，寻找并使用这些物品，其效果要比徒手救援好得多。

第五章

跌倒 / 坠落

马涛　蒋迎佳

第一节　概述

　　跌倒是每一个儿童的成长记忆，但跌跌撞撞中不仅会发生轻微的擦伤和疼痛，也可能带来严重创伤甚至使幼小的生命过早地凋谢。每年儿童意外跌倒 / 坠落造成死亡的悲剧从未停止。

　　跌倒是指突发、不自主、非故意的体位改变，倒在地上或更低的平面的行为。其实质是突然在地心引力作用下下跌、摔下、翻倒和强烈地失去平衡，包括：① 从一个平面至另一个平面的坠落；② 发生在同一平面的跌倒。与跌倒有关的伤害可能是致命或非致命的，其中非致命的伤害占大多数。跌倒 / 坠落导致的伤害是世界各地意外伤害死亡的第二大原因。跌倒 / 坠落是我国 1 ～ 18 岁人群意外伤害死亡的第三大原因，也是儿童伤害急诊就诊的首要原因。头部受伤是跌倒 / 坠落的最常见的受伤部位，家中是跌倒 / 坠落发生的主要场所。其高发生率和高致残率会造成显著的疾病负担和社会经济负担。

　　跌倒 / 坠落的严重性一般与发生时的高度、伤害部位和伤害性质有关。跌倒最易导致肢体骨

插画设计：东城根街小学　陈渷翼

折和头部损伤发生。跌倒后的颅脑损伤、脊椎损伤以及骨折容易导致死亡或残疾。大部分（约66%）跌倒造成的死亡是高空坠落导致颅脑、脊椎或内脏受损。此外，跌倒对儿童情绪、心理和认知等方面也会产生长期影响。

第二节　跌倒／坠落发生前的危险因素

案例：

2018年1月22日，浙江金华一名1岁女童午睡时从床上跌落，2天后脑死亡。

儿童容易跌倒／坠落，家长习以为常，误以为孩子哭一下或者爬起来能走就没事，往往忽略对跌倒／坠落必要的预防，导致伤害不止、悲剧不息。

一、个体因素

1. 年龄和性别

跌倒／坠落在儿童各年龄段均可能发生，1～4岁年龄组是跌倒／坠落的高发人群，且1岁以下婴儿跌倒死亡率最高。这是因为婴儿头部较重，一旦坠床，往往是头先着地，脆弱的头颅受到的冲击最大，可能会出现脑震荡、头骨骨折甚至颅内出血等致命性伤害。跌倒／坠落的发生率和死亡率存在明显的性别差异，均以男性儿童为高。

2. 生长发育和认知程度

儿童喜动，但身体平衡能力差，导致不同年龄段的跌倒／坠落形式有所差异。1岁以下的婴儿，活动能力较弱，肢体协调能力差，缺乏行为控制能力，常常处于卧、爬和被抱的状态，易从床、躺椅、童车、楼梯上坠落或者从婴儿背带、腰凳上滑落。1～4岁的儿童，活动能力逐渐增强，运动和平衡能力不稳，却对危险视而不见，平地活动时易跌倒，同时容易从楼梯、台阶、学步车、家具或游戏器械上坠落。5～9岁儿童开始脱离成人照看独自活动，但缺乏对危险的识别，喜欢高速和飞翔的感觉，缺乏安全自控能力，容易在玩耍中滑倒、坠落或被同龄儿童推倒。随着年龄的增大，儿童跌倒的可能性逐渐降低，与骑车、滑冰等活动相关的运动伤害逐渐增多。10岁以上儿童的跌倒多发生在运动时，如课间休息时与同学追逐打闹造成的碰撞和跌倒，体育课跑步时滑倒或被撞倒，滑冰或滑板运动时摔倒等。

3. 健康状况

体弱儿，急慢性疾病状态，服用镇静催眠类药物，有精神、运动或感官残疾的儿童存在跌倒／坠落危险。轮椅上的儿童比一般儿童更容易发生跌倒。

4. 同伴影响

随着低龄儿童逐渐成长为青少年，家庭和父母对他们的影响会逐渐减弱，他们开始维护自己的独立性，价值观和行为更多地受同伴的影响。有时来自同伴的压力会导致青少年采取危险行为。如球场上的赢球意愿会导致蛮干和冲撞，从而容易使对手跌倒；

为了显示自己的勇敢，冒险站在屋顶等。

5. 行为习惯

喜欢在沙发、床上嬉戏打闹，爬树登高、体育活动前未做充分准备，均可能导致跌倒/坠落。家长抛举婴幼儿、单手抱婴幼儿坐扶手电梯、在高处抱或扶儿童玩耍等也是儿童跌倒/坠落的常见原因。参加游乐场具备速度和高度的游乐项目均存在跌倒/坠落风险，尤其如吊桥、高空栈道、水上项目、蹦床这类游乐项目的危险性很高。

6. 着装

运动中的儿童着装不能只考虑好看或者可爱，重点要确保活动方便舒适。穿戴长围巾、有帽子的衣服或者长裙子、大摆裙容易被小朋友踩住，或在上下设施时衣服被挂而跌倒。儿童穿鞋要符合其生理特点，适合相关活动要求，具备防滑性能，避免高跟鞋。鞋带松散，鞋子反穿，衣服过于宽大或过厚过紧限制儿童活动，均是跌倒/坠落的危险因素。

二、物理因素

1. 家具

家中是跌倒/坠落发生的主要场所，生活空间规划要站在孩子的身高来考虑，避免孩子在使用上不方便。儿童喜欢攀爬，桌椅板凳等各类家具用品应尽量选择低矮、稳定、牢固的家具，切勿放置在窗旁。同时需避免将儿童物品置于高处，以减少儿童为获取物品而增加其攀爬机会。儿童房的床应贴墙安置，且保证距离窗户有一定的安全距离。

2. 儿童用品

婴儿提篮、推车、腰凳没有相应的安全带束缚；学步车、儿童自行车等平衡性不稳定、没有刹车装置；等等。

3. 游戏、娱乐、户外体育设施

游乐场的惊险游戏项目以其独特魅力吸引着爱冒险的儿童。各大景区、商场、游乐场是儿童跌倒／坠落的又一高发地点，缺乏安全标准的游乐场、社区儿童游戏设施、户外体育设备出现的断裂、坠落、悬停、倒塌等现象会对儿童造成致命的伤害。

4. 环境

任何可以驻足的较高位置都可能成为儿童跌倒／坠落的地点，如阳台、楼梯、楼顶、窗户、脚手架、吊车、烟囱、桥梁、树、悬崖等。地面或路面不平整，存在油污、积水以及玩具、电线等障碍物，过于光滑的地板如浴室、厨房、游泳场馆等容易跌倒。光线不好，儿童看不清地面或周围环境时，易发生跌倒。

三、家庭、社会因素

（1）缺乏成人看管是造成跌倒的重要危险因素。

（2）父母受教育程度低、父母患有精神疾患或情绪不佳导致看管不到位。

（3）农村留守儿童、城市流动人口中的学龄前儿童为跌倒高危人群。

（4）贫困、单亲家庭、父母失业、母亲年龄相对较小、多子女家庭是儿童跌倒容易发生的相关危险因素。

（5）住房环境拥挤狭窄，难以分区，室内障碍物堆积。

（6）社会对儿童跌落预防的宣传缺失，未进行及时预警提示。

第三节 跌倒 / 坠落发生时的危险因素

案例：

    2019 年 7 月，湖北孝感一妈妈推着 3 个月大的婴儿逛超市，婴儿车在通过隔离桩的时候，因为车子较大无法通过，一旁的超市工作人员主动上前帮忙。两人正在一起抬婴儿车时，因孩子未系安全带，从车内滑出，重重摔到地上，送至医院进行抢救后，孩子被诊断为脑震荡、右侧锁骨骨折。

    儿童跌倒 / 坠落的发生可谓"步步惊心"，一旦跌倒 / 坠落发生，伤害难以预估！

一、个体因素

1. 着地部位

    同一平面的跌倒，主要为摔跌伤，表现为皮肤特征性擦伤及深部组织甚至内脏不同程度损伤，特点是最先接触地面的部位损伤最严重，并以此为中心向周围扩展且逐渐减轻。同时可伴有肌肉扭伤和拉伤。如着地部位涉及头部时，脑部因外力而引起脑震荡甚至颅内出血，引起中枢神经系统功能障碍。

    高坠伤属于钝性暴力损伤，有以下一些主要特点：

（1）体表损伤较轻，内部损伤重。

（2）损伤广泛，多发生复合性骨折，内部器官破裂。

（3）多处损伤均由一次性暴力所致，空中障碍物所致的损伤除外。

（4）损伤分布有一定的特征性，如损伤集中于身体某一侧。

（5）多发性肋骨或四肢骨折，多呈对称性分布。常见坠落着地的部位是头部、背部和臀部。头部着地损伤通常较为严重。背部平面着地时，若坠落高度不高，接触面积广，冲击造成的压强较小，损伤相对较小。臀部着地时有臀部脂肪、肌肉或有较厚的衣物衬垫，有一定的缓冲作用，但冲击常造成脊柱不同程度的骨折。

2. 人体摔跌时的能量、姿势

人体快速奔跑中发生的跌倒比缓慢行走中发生的跌倒产生的机体损伤要大，因为蓄积的能量更大。人的本能都是用手去撑地面，很有可能造成手部和上肢骨折。在不同平面发生跌落时，人体重量越大，冲击力就越大，因此造成的损伤就越大。从同一高度坠落时，体重小的损伤较体重大的轻。

3. 衣着

发生跌倒时，如着装厚软，则能起到一定的缓冲作用，减少一些损伤。

4. 行为习惯

不遵守游戏规则、相互推搡，运动前未做充分准备，未按要求使用各类防护设备等均是跌倒/坠落时的高危因素。

二、物理因素

1. 高度

参考国家标准《高处作业分级》规定：凡在坠落高度基准面2 m以上（含2 m）的，就可以认为是"高"。坠落高度越高，所受损伤越重。从2 m以下的高度跌落，并不意味着损伤不严重。

2. 地面情况

跌落地面的性质对于损伤形成及其后果影响很大，如地面柔软有弹性，身体所受损伤可以明显减轻；如地面坚硬、有尖锐物品，会导致损伤更加严重。

3.中间物

跌落尤其坠落空间有无电线、树枝、雨棚等突出物，人体有无可能接触或依靠，中间物是否柔软有弹性等与损伤严重程度相关。从楼梯、山坡、悬崖跌落时，在下落过程中，如果能抓住沿途物体或落在途中的岩块、石壁、树木或其他物体形成缓冲，身体所受损伤就可以明显减轻。

4.防护装备

婴儿在婴儿车里、安全座椅里、摇篮里的系安全带，较大儿童进行休闲活动如滑板、溜冰、自行车等时，佩戴相应的防护装备，可以在一定程度上预防和减少跌倒的发生和伤害程度。

三、家庭、社会因素

（1）家长及照护人缺乏对"速度和高度产生危险"的认识，未予儿童相应的危险教育，放任儿童攀高跳跃，嬉戏打闹，不遵守游戏规则等。

（2）家长及看护人因各种原因疏于看护儿童，甚至远离儿童，眼睁睁看着跌倒发生，错失最后的一抓一拽的挽救机会。有研究显示，儿童跌倒的高峰时段分别为 12：00 和 17：00，这可能与家长们在准备午餐、晚餐或者就餐的阶段疏于对儿童的看护有关。

（3）未认真排查家庭、学校和公共场所可能存在的儿童跌倒风险，未设置相应的防护措施。例如，儿童能轻易打开危险区域的门窗；未安装防护窗栏；窗户打开过大；使用婴儿车时，未系安全带；推婴儿车乘坐自动扶梯；运动前未佩戴儿童防护用具，如护膝、护腕和头盔等。

（4）各类场所缺乏跌落的风险预警和提示。

第四节 跌倒发生后的危险因素

案例:

> 2022年7月22日,湖北恩施某景区一名10岁游客潘某在挑战网红悬空桥项目时,身上的安全绳完全脱离身体,从网红悬空桥坠落至景区谷底。谷底是枝叶繁茂的丛林,经救治后,暂无生命危险,初步诊断为腰椎、胸椎骨折,头皮裂伤。

一、个体因素

1.年龄

婴幼儿由于缺乏自救能力,发生跌倒时,难以主动采取保护性姿势以减少伤害。青少年具备一定的自救能力,在跌落时以保护性姿势落地可以在一定程度上避免损害发生。

2.受伤部位

头颈部是人体的重要中枢,损害牵涉的部位较多,受伤性质较为复杂,治愈率较低;内脏损伤常引起急性失血致休克和脏器功能障碍,治愈率也较低;骨组织因有高度再生能力,故骨关节损伤的治愈率较高。

二、家庭、社会因素

(1)儿童发生跌倒后,能否被及时发现或正确评估伤情、及时送医等直接关系伤害发生后的结果。

(2)现场人员缺乏基本救援能力,无法开展现场基本救治。

(3)缺乏通信设备,无法呼叫紧急救援。空中、地面、水上交通的公共急救通道需要保持常态畅通,保障救援人员能快速抵达现场。

（4）现场缺乏急救物资和设备。

（5）完成现场急救后，原则上应尽快转运到最近的具备救治能力的医院。

（6）医院的救治能力越强，抢救成功率越高。后期转至康复机构进行专业的康复指导及训练。

第五节　跌倒／坠落的预防策略

一、幼儿教育

（1）告诉孩子："你不是小鸟，不能飞！"

（2）认真走路，专心运动，不推挤，不冲撞。

（3）遵守游戏规则。

（4）上下楼梯靠右走，扶着栏杆扶手，一步一步地走。

二、排查婴儿推车隐患

（1）安全带是否牢固，最安全的是 T 型扣；对于小婴儿或需要长时间在车里，应选择 5 点式安全带的婴儿手推车。

（2）有自动锁定装置，即刹车闸。

（3）没有裸露在外的线圈和弹簧。

（4）车身稳定，即使在倾斜路面上行进仍可保持稳定。

（5）检查车身各个部件，尤其车轮是否牢固，螺丝是否松动，轮闸是否灵活有效。

三、正确使用婴儿手推车

（1）每次使用时，安全带要随时系好。

（2）遇到有坡度或河道旁的路段，婴儿车不能离手，必要时踩下锁定装置，确保稳定。

（3）不将婴儿车当作物品用来挡门或载物。

（4）推着婴儿车务必乘坐升降电梯，不能乘坐自动扶梯。

四、环境安全

（1）选择正确护栏。

防蚊纱窗只能防蚊，不能防止儿童跌落。正确安装防护罩或防护栏，以防止儿童从窗户坠落。栏杆要竖向设计，避免横向设计便于踩踏栏杆攀爬；栏杆间距一定要小于 8 cm。护窗栏高度在1 m 以上，需根据儿童身高调整护栏或护网的高度。

（2）使用高脚椅、婴儿提篮、婴儿车时，保持约束带扣好。不要将婴儿提篮等放置在桌子或其他家具上面，而要放置在地板上。

（3）使用支架、锚或墙带将电视机和家具固定到墙上，以防翻倒。

（4）带孩子去表面覆盖有减震材料的游乐场所游玩，如果跌倒，能帮助缓冲。

（5）左右或上下推拉窗打开限度限制在 10 cm 以内，可以使用窗卡进行固定。

（6）家中危险之处，可以装小铃或语音报警，如推窗或推门时，家长可以听到警示。

（7）楼梯的顶端和底部安装楼梯门，楼梯至少有一边是有扶手的，保证白天及晚上有足够的亮度，可在楼梯墙面或梯步安装感应式光源。楼梯台阶上不放置物品，如果梯步铺设了地毯，应保证地毯不可滑动且无毛边。

（8）地面有水时马上擦干，卫生间或浴缸安装扶手或防滑垫。家中的过道和地面上不堆放杂物，教育孩子在玩耍后收好玩具。不横拉电线或网线等。在婴儿床周围铺设厚的地毯，地毯平整不起褶。尽量在较低处为婴幼儿更换衣物。成人抱婴儿上下车或乘坐电梯时，保持身体的稳定。给孩子穿合适的鞋和裤子，避免鞋子过大或裤腿过长引起跌倒。

（9）活动前，家长或看护人都应该检查孩子的着装情况，如是否系好鞋带、是否存在鞋子穿反的现象、衣服是否过厚过紧等。

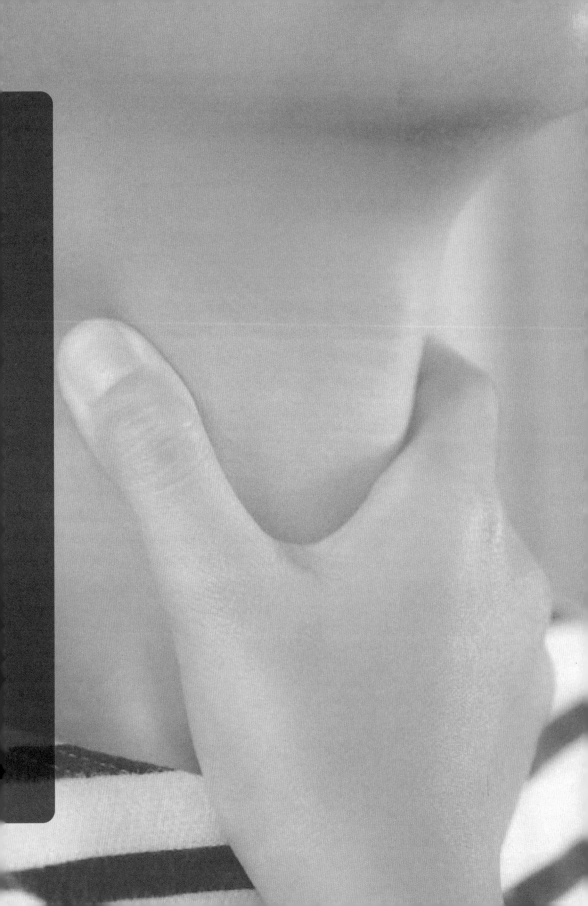

第六章

呼吸道异物

潘玲丽　李熙鸿

第一节 概述

案例:

2019 年 3 月 29 日,湖南浏阳某幼儿园内一名 4 岁男孩进食后突然咳嗽、呕吐,跌倒在地上,痛苦翻滚。当老师发现时,孩子躺在地上已经不动了。虽然 120 赶到现场后立即实施抢救,孩子最终抢救无效死亡。

儿童呼吸道异物的意外事件屡见不鲜,常常九死一生。食物或其他异物经口或鼻误吸进入呼吸道,轻者可致肺部损害,重者可致窒息死亡,是儿童常见的急重症之一。

在美国,呼吸道异物的年发病率约为 0.66/10 万,每年约有 300 例儿童死于呼吸道异物,排在学龄前儿童(小于 5 岁)死因的第四位。呼吸道异物高发年龄为 3 岁以下。在我国,约 80% 呼吸道异物发生的年龄在 1~3 岁,男性高于女性,农村远高于城市,冬春季节多于夏秋季节。

呼吸道异物严重性取决于异物的性质和造成气道阻塞的程度。呼吸道异物可部分或完全阻塞呼吸道,造成气道痉挛影响肺的通气、换气功能,进而导致缺氧。由于人的大脑储存的氧气仅能维持机体正常运行 10 秒钟左右,如果缺氧 2 分钟,会出现意识障碍,缺氧超过 5 分钟,神经系统可遭受不可逆的损伤,甚至死亡。

喉是上呼吸道最狭窄的部位,较大的异物可能完全阻塞在喉部,使儿童出现面色灰暗青紫,不能说话、咳嗽和呼吸,只能用手呈 V 字型卡喉动作或抓颈部,如果没有及时解除堵塞很快会窒息死亡。较小的异物,滞留在喉部会引起疼痛、声音嘶哑、咳嗽、咯血和呼吸困难等。

异物随着呼吸运动从喉部进入到气管、支气管内，一般分为4期：①异物吸入期：异物吸入气管后患者常产生剧烈呛咳、憋气，若异物嵌顿于声门则可出现声嘶、呼吸困难和窒息。②安静期：异物停留在气管、支气管某部位，此时异物刺激性减小，可无症状或仅有轻微咳嗽。③刺激或炎症期：由于异物对气道的局部刺激和继发性炎症，加重气管、支气管堵塞，可出现咳嗽加重、肺不张、肺气肿和发热症等表现。④并发症期：随着炎症发展可出现肺炎、肺脓肿、脓胸等多种并发症。

呼吸道异物绝大多数是支气管异物。如果孩子剧烈呛咳后症状缓解，家长会麻痹大意，错过最佳诊治时机，直到后期出现反复发作的吼喘、迁延不愈的肺部感染、营养不良、发育迟缓甚至呼吸衰竭才被发现。

第二节　呼吸道异物发生前的危险因素

案例：

2019年3月，广东广州市一名8个月大的男婴因间断反复咳嗽半个多月到广州市儿童医院就诊，经过胸部CT检查，发现肺部左支气管有异物，之后在全麻下用硬质支气管镜顺利取出一颗珠子，后续对症治疗后康复。医生追问病史得知，十几天前奶奶穿珠子的时候，孩子曾抓珠子玩，咳嗽就是从那天开始的。

家有儿女，生活处处有惊雷。食物或其他异物会在家长毫无察觉的情况下，经口或鼻误吸进入儿童的呼吸道。

一、个体因素

1. 年龄和性别

0～3岁是儿童生长发育最快的时期，可谓"一天一个样"。新生儿和小婴儿胃容量小，胃呈水平位，胃部出口紧入口松，吃下去的奶容易返回到胃入口处而倒流回食管，引起溢乳。同时由于吸吮、吞咽功能也不完善，容易引起误吸入呼吸道。

随着年龄逐渐增大，1～3岁的幼儿活动能力增强，喜欢用手和口探索奇妙的世界，但该年龄段儿童的牙齿发育尚未完全，尤其磨牙未萌出，咀嚼功能不完善，不易嚼碎硬质食物；同时吞咽协调功能和喉的保护功能不健全，易发生口和鼻腔内的物品误吸入呼吸道。

呼吸道异物男童多于女童，这与男童更活泼好动、好奇心更强、喜欢尝试将各种物体放入口中探究有关。

2. 婴儿喂养方式

喂奶的方式不当：喂养摄食过量；喂奶次数频繁；奶嘴孔过大，以致奶汁流入太急，因婴儿吞咽能力弱，易造成误吸入气道。

吃奶时吸入空气：宝宝快速吞咽、奶嘴孔过小、宝宝吸空奶瓶、宝妈的乳头有内陷等情况都会让婴儿将大量的空气吸进胃里，进而引发溢奶，增加呼吸道误吸的可能。

3. 婴儿体位

在给婴儿喂奶之后，如果婴儿的体位频繁改变，或用力摇晃、拍打婴儿会导致婴儿溢奶的情况发生，增加呼吸道误吸风险。

4. 习惯

口含各类玩物；将各类玩物插进鼻孔；进食时说笑追跑、玩耍；儿童哭闹时强行喂食（药）；边走边吃、躺着进食；学龄前儿童喂食坚果。

5. 体能状态

存在胃食道严重返流或吞咽协调功能和喉的保护功能不健全

的情况：如早产儿、体弱儿、生长发育严重迟缓、智力障碍等儿童。

存在严重疾病情况：昏迷、抽搐、严重呼吸道疾病、胃食管返流病、肥厚性幽门狭窄、先天性食管闭锁、肠闭锁、先天性巨结肠等。

使用镇静镇痛药使机体保护性的呛咳及吞咽反射减弱或消失情况：手术治疗或患者在接受深度镇静或全身麻醉时。

二、物理因素

1. 异物种类

外源性异物是指外界物质误入气道，占气道异物的 99%；内源性异物大部分是由躯体疾病造成的，主要为呼吸道内的假膜、痰痂、血凝块、肉芽组织、支气管塑形（在支气管里形成树枝分叉状的分泌物）等。

大千世界的任何细小的物品都可能被"熊孩子"通过口、鼻误入气道，常见的有以下物品。

植物类：最常见，约占 92%，以可食用的物质为主，其中坚果约占 80%，比如花生、瓜子、核桃、板栗、豆类、枣胡、橘子籽、玉米、米饭等。

动物类：占 3%，以猪骨、鱼骨最常见，其次是肉类等。

其他：占 5%，如气球、各类玩具小部件、拼接玩具、笔帽、弹簧、金属丝、图钉、玻璃球、口香糖等。气球是许多儿童喜欢的玩具，一些儿童用嘴吹气球时，突然将气球吸入口中并进入气道，常发生在 3～6 岁儿童。一些幼儿把没有吹起的气球或气球碎片放在口里咀嚼，一旦发生跌倒、哭闹等情况时极易将气球吸入气道中。

2. 异物性状

异物本身光滑、易碎，如果冻、汤圆、瓜子、花生米、豆类、小橡皮盖、塑料管帽套等更容易吸入呼吸道。

3. 季节

冬春季节发生呼吸道异物的人数明显多于夏秋季节。

4. 城乡差异

呼吸道异物发生率农村比城市高，但在学龄前期及学龄期，城市发生率高于农村。

三、家庭、社会因素

（1）父母及看护人照看能力不足和风险防范意识弱。

（2）未按照年龄段给儿童选择玩具。

（3）儿童活动场所缺乏谨防异物吸入的提醒和警示。

（4）玩具生产不符合安全要求。

（5）科普宣传和培训不足。

第三节　呼吸道异物发生时的危险因素

案例：

2022 年 3 月 24 日，河南新乡一名 4 岁小朋友被异物卡住气管窒息，面色发紫。所幸正在附近就餐的两名女子中有一名是医生，她们用海姆立克急救法成功帮孩子将异物排出，使孩子化险为夷。

呼吸道异物常常发生突然，儿童的脆弱性导致很难自救。发生时可能存在的危险因素，直接影响到抢救结果。

一、个体因素

常规情况下，孩子发生异物误吸是有症状可循的，比如有惊恐状、无法发出声音、刺激性咳嗽、呼吸困难等表现。如果家属未目睹，儿童往往不能自诉经过，更无法自救。随着时间的推移，患儿咳嗽、哭闹或体位改变，进入呼吸道的异物可能出现移位导致不同症状。

二、物理因素

1. 异物大小

异物大小决定异物的位置，分为喉部异物、气管异物和支气管异物。气管异物占呼吸道异物的 10.6% ~ 18%，右侧支气管异物约占 45%，左侧支气管异物约占 36%，双侧支气管异物约占 1%。由于右主支气管比较短、粗、直，左主支气管比较长、细、斜，右支气管异物更为多见。较小且形状光滑规整的异物，容易随着呼吸运动继续向下滑落直到肺部。

需要特别留意的是，当异物被吸入支气管后，可滞留于与异物大小及形状相应的气管或支气管内。此时，患儿可能不会出现症状，或仅会轻度咳嗽、呼吸困难。如果孩子不明所以，或是有意隐瞒，这种病例就容易被忽视，因此在临床上又被称为"无症状的安静期"。时间长了，将引发患儿慢性支气管炎、慢性肺炎、支气管扩张或肺脓肿等疾病，严重者还将并发气胸、纵隔气肿、心力衰竭等。

2. 异物阻塞程度

支气管异物可分为气体能进出的部分阻塞型，气体只进不出的活瓣阻塞型，该型早期出现肺不张，气体不能进出的完全阻塞型，该型可出现肺不张。

3. 异物性质

植物性异物刺激性强，局部炎症反应明显；尖锐异物可导致出血、气肿或气胸；化学腐蚀性异物容易导致气管食管瘘及全身中毒症状。

4. 异物存留时间

异物在呼吸道存留时间长，可引起肉芽增生、肺炎、肺不张、呼吸窘迫、心力衰竭等。

三、家庭、社会因素

（1）发生呼吸道异物，现场应急处理正确与否是赢得后续救治机会的关键。现场的急救不能等待和拖延，完全依靠家长或照护人的正确处理。常见的误区：家长惊慌失措，抱着孩子直奔医院；或者手足无措，一味等待急救医疗人员抵达现场，耽误急救黄金时间，丧失挽救机会。

（2）看护人或旁观者未能目击异物吸入，未能及时识别出孩子呼吸道异物的险情，施救延迟。

（3）发生呼吸道异物时，家长错误处置：孩子剧烈咳嗽时通过喂水缓解；用手伸入孩子嘴中抠取；拨打急救电话时，没有说明孩子气管呛进异物。如果急救中心知晓为气管异物，可以提前协调有气管异物取出技术和儿童重症技术支撑的医院进行接诊和后续治疗；心存侥幸，认为孩子缓过劲了，没有生命危险，就不及时就医。异物可能滑落到单侧支气管，如不及时就医取出异物，会造成肺气肿、肺不张、肺部感染。

（4）远离医疗机构，地理位置偏远、地形复杂或交通拥堵，导致现场急救延迟。

（5）现场人员不会气道异物排出手法和心肺复苏技能。

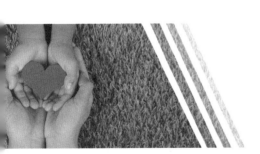

第四节　呼吸道异物发生后的危险因素

　　2022 年 4 月 29 日,江苏睢宁县一名 1 岁男婴因气管异物,辗转当地两家医院,经历了 8 个小时的周折,最终不幸离世。而导致男婴最终死亡的,是小小的南瓜子。

　　儿童发生呼吸道异物后,主要危险因素是:是否及时识别和呼救、及时正确的现场处理、及时转运到有救治能力的医院。

　　因为解除气管异物梗阻的关键在于取出异物,人们争论和反思的往往是能否把孩子送医院更快些。完全寄希望于医院的救治,而忽略非常关键的现场紧急处置这一环节。

　　(1)发现可疑异物吸入,家长或照护人首先保持冷静,迅速评估孩子是否有意识、是否还能自主咳嗽,并请人协助立即拨打急救电话。如果孩子没有意识,立即放在地板上进行心肺复苏直到急救医护人员到达现场。如果孩子有意识,还存在咳嗽能力,一定要鼓励孩子用力咳嗽,同时用可采取 Heimlich(海姆立克)急救法。这种急救法的原理是利用冲击腹部—膈肌下软组织,产生向上的压力,压迫两肺下部残留的空气形成一股气流向上冲入气管,将堵住气管、喉部的食物硬块等异物驱除,使人获救(小婴儿则用拍背压胸冲击法),一直做到异物排出,孩子呼吸困难缓解才停止。反对家长用手伸入孩子嘴中抠取,这样做往往会将异物推至声门下,导致完全性的气道梗阻直至死亡。

　　(2)发现可疑异物吸入,如果孩子没有明显的气道梗阻情况,如仅是呛咳、轻度喘息时,应尽快送往有气管异物取出技术的医院就诊。

第五节 呼吸道异物的预防策略

一、饮食安全

（1）避免食物块过大，难以咀嚼碎，应将大块食物切成小块。

（2）4岁以下的儿童不要吃口香糖、硬糖、坚果、有弹性的胶冻状食物、长面、小的动物骨头等不适合该年龄段的食物。

（3）不在孩子惊吓、哭闹、嬉戏时进食。

（4）养成安静、专心、细嚼慢咽的进食习惯。

插画设计：西北中学外国语学校 刘玥汐

（5）不躺着吃（饮）东西或含着食物睡觉。

二、玩具安全选择原则

（1）严格按照产品标示的年龄来为孩子选择玩具。不要认为自己的孩子聪明，可以玩更大年龄的玩具。其实玩具分年龄，主要是从安全角度考虑。不同年龄段的玩具不要混放。

（2）高度警惕各类小部件，定期检查玩具，确保零件不会脱落。

（3）重视各类玩具安全标识。我国对儿童玩具有3C的强制认证，注意包装盒上的3C标识。

（4）尽量不让8岁以下儿童独自玩气球，将未充气的气球放在孩子够不到的地方。一旦充气的气球泄气或破裂，要及时丢弃到儿童无法触及的地方。

（5）常规巡视儿童生活玩耍区域，趴下来，以儿童的视角定期检查孩子爬、走的地方是否散落有可疑物品。

插画设计：西北中学外国语学校 易欣蔚

第七章

烧 伤

杜雪梅　苏文英

第一节 概述

案例：

　　2020年5月，贵州一名1岁6个月的女童在家里将放在凳子上的锅具黑垢清洁剂当成玩具玩耍，清洁剂泼洒出来腐蚀了孩子左脚踝，孩子发出撕心裂肺的哭声。家人脱下孩子袜子，才发现孩子左脚踝一大片皮肤褐色，呈焦痂状。家人赶紧抱着孩子前往儿童医院烧伤整形科。入院时左脚脚踝皮肤已经成黑褐色，且环绕脚踝一周，烧伤面积大且深，为典型的三度烧伤。经两次清创手术后取女童头部薄层皮肤移植到脚踝，覆盖创面。由于孩子烧伤严重且位置特殊，即使手术植皮，也留下了瘢痕、踝部功能受损等后遗症。

　　儿童成长，需要不断探索周围的世界，接触各种新鲜事物，其中就有可能引起烧伤的物品。当皮肤或其他组织的部分或全部细胞被热的液体（烫伤）、热的固体（接触烧伤）或火焰（火焰伤）损害时就会发生烧伤。由于辐射、放射、电流、摩擦或接触化学物质而导致的皮肤或其他机体组织的损伤也属烧伤。

　　热灼伤通常涉及皮肤，表现为烫伤，由热的液体或蒸气导致；接触烧伤，由热的固体或烫的熨斗、厨房用具及燃着的香烟等物体导致的损伤；火焰伤，由燃着的香烟、蜡烛、灯具或火炉等引发火灾导致的烧伤；化学烧伤，由于接触化学反应性物质而引起的烧伤，如强酸或强碱；电烧伤，从电源输出插座、电线或用电器流出的电流经过机体而导致的烧伤（见第八章电击）；吸入性烧伤是由于吸入过热的气体、蒸汽、热的液体或不完全燃烧所产生的有害生成物，造成呼吸道和肺部的热损伤或化学损伤，是最常见的火灾造成的烧伤致死原因。

世界卫生组织估计全球每年有18万人死于烧伤，其中绝大多数发生在低收入和中等收入国家。烧伤主要发生在家中和工作场所。女性死于烧伤的比率较男性略高。儿童是烧伤致死的高危人群，低收入和中等收入国家的儿童烧伤死亡率是高收入国家的7倍。全球范围内，造成1～9岁儿童的主要死因中，火灾所导致的烧伤占第十一位。烧伤也是非致命儿童伤害中第五大常见原因。婴儿的烧伤死亡率最高。随着年龄增加，烧伤死亡率缓慢下降。

我国烧伤死亡人数仅次于交通事故。中国每年约有2600万人发生不同程度的烧伤，约占总人口的2%，其中30%为儿童。0～5岁儿童在儿童烧伤中占70%。烧伤在儿童意外伤害中后果尤为严重，致死率高，即使救治成功也可能终身伴随局部畸形、容貌损毁和心理创伤。同时，烧烫伤也将给家庭带来巨大经济负担和心理压力。

第二节 烧伤发生前的危险因素

案例：

2020 年 11 月 16 日，福建漳州某民办幼儿园，两名孩子就餐时间在过道上打闹，其中一名 5 岁孩子在倒退中不慎跌入放在过道上的汤桶，导致躯干、臀部、双下肢严重烫伤。

各种热的物质让生活舒适便捷的同时也可能导致儿童烧伤。梳理烧伤发生前的危险因素，有助于了解儿童身边潜在的烧伤风险。

一、个体因素

1. 年龄和性别

0 ～ 5 岁儿童是烧烫伤的高发群体。年龄越小，机体越脆弱，识别风险能力越低，撤回反应越慢，烧伤死亡率在婴儿阶段最高。学龄前儿童对火普遍感到好奇，尝试触摸火焰，拿火柴、打火机点火玩，喜欢观看色彩绚烂的烟花爆竹。学龄期儿童逐步对火、热等概念有了认识，回避风险的能力提高，烧伤死亡率在 10 ～ 14 岁阶段最低。烧伤死亡率在 15 ～ 19 岁阶段再次升高，可能是由于该年龄段的青少年能更多接触火源，富于尝试和冒险。

烧伤是一种女性发生率高于男性的意外伤害类型。这种性别差异在婴儿和 15 ～ 19 岁青少年人群中尤为突出。

2. 机体状态

儿童在急慢性疾病、残疾、智障、癫痫、营养不良、昏迷等情况下，机体处于较脆弱状态，会增加烧伤概率。

3. 相关活动

儿童从事烹饪等家务活动、自行取用热水、自行洗澡会增加烧伤概率。

二、物理因素

1. 明火和产生明火的各类装置

靠近明火，均有烧伤的风险。无论是一根小小的火柴，还是漫山遍野的山火，儿童靠近和接触火焰，均可能导致烧伤，甚至瞬间吞噬生命。火柴、蜡烛、香烟、燃香、打火机、煤油炉、燃气灶等在使用时会产生火焰和高温。

2. 各种易燃物品

易燃固体：硫黄等；易燃液体：汽油、酒精、煤油、油漆等；易燃气体：液化气、石油等；易自燃物品：黄磷、油纸、油布及其制品等；遇水易燃物品：金属钠、铝粉等；氧化剂和过氧化物等。

3. 发热物体

概括而言，一切热的物品，无论何种用途，都存在对儿童皮肤或其他机体组织的损伤可能，如生活中常见的热水、热的餐食、暖瓶、热水管道、汽车引擎盖、暴晒的路面、过热的电器等；冬季取暖的各种物品，如电热炉、电热毯、热水袋、暖气设施等。

4. 物品可燃性

一旦遇到明火，工作场所、居所饰品、服装等材料的可燃性决定了火情的大小。

5. 低温烫伤

人体肌肤长时间接触高于45℃的低热物体会引起慢性烫伤。冬季人体神经反应较迟钝，皮肤感觉减弱，四肢角质层比较厚，刚接触低温的热水袋、暖宝宝、电热毯之类产品，不觉得烫，但时间一长，热量会渗透到皮下，造成低温烫伤。

6. 季节

冬季和夏季用电高峰期，容易出现电器过热，造成火灾，引起烧伤。

三、家庭、社会因素

（1）随意放置沸水、热汤、热油等；随意堆放易燃物品；父母或家人抽烟，随意乱扔烟头和倒未熄灭的灰烬。

（2）居住环境拥挤或生活空间杂乱；烹饪和生活区域没有分割，没有单独的厨房，没有专门的用餐区。

（3）没有安全的取暖设施，使用明火取暖或照明。

（4）贫穷、文盲、失业等均会导致对儿童监护不到位。儿童自行取用热水、使用各类电器等。

（5）儿童烧伤的发生还与节日有关，如清明祭拜、春节、燃放烟花爆竹等。

（6）缺乏对工业区或公共场所蒸汽、化学物质、高温物体等的安全放置和监管。

（7）缺乏建筑防火规范的制定、实施。

第三节　烧伤发生时的危险因素

案例：

2018 年暑假，从江西老家到杭州探望父母的 12 岁男孩自己动手做蛋炒饭，锅烧热后，他往锅里倒了很多油。结果整个锅烧起来，男孩慌乱中衣服被油锅引燃，造成面部、颈部、左手臂、胸部、上腹部大面积二度烧伤。

烧伤发生时，猝不及防，令人恐慌。如提前进行防范，可以避免烧伤发生。

一、个体因素

1. 儿童活动状态

儿童在嬉戏活动中容易触碰发热、发光物体，或因好奇玩火、点火而发生烧伤，同时在进食时，容易触碰热食。睡眠时由于儿童对外界无警觉能力，一旦出现火情，更难以及时呼救和逃离。冬季取暖，儿童睡眠时容易出现低温烫伤。

2. 暴露持续时间

儿童暴露在热源、火源的时间越长，发生烧伤的程度越重。

3. 皮肤厚度

烧伤部位的皮肤越薄，烧伤的程度越重。年龄越小，皮肤越娇嫩，相同温度下发生烧伤的程度更严重。消化道、呼吸道等处黏膜比皮肤更娇嫩，一旦发生烧伤，容易出现严重合并症，甚至死亡。

4. 衣物及所处环境物品

发生火情后，儿童所着衣物及环境物品如果不是阻燃材料，火焰会迅速蔓延，造成烧伤。所着衣物厚度和是否具有防水性直接关系到接触烧伤的严重程度。

5. 自救能力

发生火情后，儿童如能及时逃离现场，就能避免被烧伤。婴幼儿、残障儿童、患病儿童自救能力弱，一旦缺乏他人及时救援，就可能陷入烧伤的漩涡中。学龄期以后的年长儿童受过烧伤防治教育和培训，具备有一定的自救能力，可能避免烧伤。

二、物理因素

1. 温度

引起皮肤烧伤的最低温度为 44℃，成年人暴露在 53℃ 热水中超过 60 秒即可引起三度烧伤。如若温度增加至 61℃，则只需要 5 秒钟。对于儿童来说，所需时间仅为成年人的 1/4 ～ 1/2，超过 50℃，在数秒钟之内即可引起严重损伤，在 70℃ 暴露 1 秒钟即可引起跨表皮坏死。

2. 热源的性质

热源不同，造成的损伤不同。干热导致组织干燥和炭化，而湿热引起非透明凝固；液性浸渍性烧伤比溅泼性烧伤更严重。强酸可使人体组织脱水、蛋白质沉淀及凝固，一般不起水疱，迅速结痂。强碱除可引起人体组织脱水和脂肪皂化外，还可形成可溶性碱性蛋白穿透深层组织。

3. 报警和水源

缺乏烟雾探测器和报警器；现场没有自动喷水及灭火系统；远离水源或无冲水龙头、水管；没有灭火器等。

三、家庭、社会因素

（1）家长及照护人对年幼儿童监护缺失。

（2）对儿童生活区域的加热或照明设备缺失安全巡视和故障检修。

（3）未引入更严格的建筑规范；未使用阻燃建筑材料。

（4）缺乏高温烫伤警示。

（5）高危物品未按规范储藏。

（6）现场没有烧烫伤急救包；没有洁净凉水降温。

（7）缺乏烧烫伤救治知识，错误处理，未及时就医。

第四节 烧伤发生后的危险因素

2021 年 7 月 18 日,杭州一家三口骑行两辆电瓶车,爸爸带着女儿在前面,妈妈跟在后面。突然,爸爸的电瓶车起火爆燃,父女二人被严重烧伤。事故造成孩子三度烧伤,面积达 95%,并伴有休克、急性呼吸窘迫综合征,呼吸道烧伤,吸入性肺炎等,虽经过积极治疗,终因病情危重,孩子不幸离世。

烧伤会使人产生剧烈疼痛,发生休克,继发感染,造成多脏器功能障碍或衰竭,甚至出现死亡。

一、个体因素

(1)儿童的生理特点使其比成人更易发生脱水、酸中毒及休克。小儿机体抗感染能力较弱,且创面被污染的机会更多,因此发生局部和全身感染的机会也超过成人,易发生严重感染、脓毒症。

(2)烧伤按深度或厚度分为以下几类:

一度烧伤或表皮烧伤,为表皮烧伤导致的简单炎症反应。它们一般是由于未受保护的皮肤暴露于太阳辐射(日晒)或短暂接触热物质、液体或闪光火焰(烫伤)导致的。一度烧伤 1 周内即可痊愈,皮肤的颜色、肌理或厚度均不产生永久性变化。

二度烧伤或部分皮层烧伤,只伤及表皮以下,达到真皮层。但是这种损伤不会破坏皮肤的所有成分。浅二度烧伤 3 周内即可痊愈的。深二度烧伤需要 3 周以上时间来愈合,并可能会形成增生性瘢痕。

三度烧伤或全层烧伤是指所有表皮成分包括表皮、真皮、皮

插画设计：东城根街小学　张亦阳

下组织层和深毛囊受到损伤。由于皮肤各层遭到深入破坏，若不进行植皮，则三度烧伤的创面不会自动再生。

（3）烧伤面积。

烧伤面积是指皮肤受火焰烧灼、热水烫、化学物品及放射性物质侵害创伤面积占人体表面积百分比，是衡量烧伤程度的一个重要因素。青春期少年烧伤面积参考成人依照"九法则"来估算：头部占身体表面积的9%，躯干正面占身体表面积的18%，躯干背面占身体表面积的18%，一条腿占身体表面积的18%，一只手臂占身体表面积的9%，生殖器及会阴部占身体表面积的1%。幼童及儿童烧伤面积估算依照"五法则"来估算：头部占身体表面积的15%，躯干正面占身体表面积的20%，躯干背面占身体表面积的15%，一条腿占身体表面积的15%，一只手臂占身体表面积的10%。小型烧伤，烧伤面积采取以下估算方法：以烧伤患者手掌面积占身体表面积的1%为基准，估算烧伤面积。

二、物理因素

烧烫伤发生后，要尽快脱离伤害现场，脱离各类热源，及时降温。

三、家庭、社会因素

（1）急救或消防部门响应时间长。

（2）缺乏水源或获取水的途径。

（3）缺乏现场医疗救治药品、器械。

（4）无法迅速转移到有救治能力的医疗机构。

（5）现场人员缺乏烧烫伤救治知识，错误处理，未及时就医。

（6）医疗机构对儿童重症和烧伤诊疗能力有限，对儿童烧伤救治和康复能力不足。

（7）社区为烧伤儿童家庭提供的支持不足。

第五节　烧伤的预防策略

（1）厨房和生活区有门分隔，不要将年幼儿童单独留在卫生间、厨房或靠近热容器。

（2）燃气具、取暖器及其他家用电器符合安全要求，并能及时散热。

（3）学龄期及以后儿童要熟悉厨房燃具和电器的安全使用要求。

（4）家中暖水瓶、饮水器、点火用具等应放在儿童不易触碰之处。

（5）给儿童洗澡时，先放冷水，再放热水，用成人手背先试水温，约38℃才能使用。

（6）取暖器远离儿童或加围栏。

（7）家中在饮水机热水、水龙头热水等地方，用"哭脸"记号贴好，告诉孩子：家里有这个记号的地方有危险。

（8）餐桌上不放桌布，卧室内不放点火器具，成人不在床上或室内吸烟。

（9）使用电热毯温度不要设置过高，睡觉时一定要关闭电源。

（10）热水袋加水不宜太满，水温不宜过高。外面用布包裹隔热，放置在被子之间，不直接接触孩子皮肤。睡觉时取出。

（11）严格按照说明书使用暖宝宝，不要直接贴在孩子肌肤上，或只隔着薄薄一层内衣长时间使用，最好隔着几层衣服或者毛巾贴用。

（12）居家注意防火，配备烟雾警报和家用灭火器。

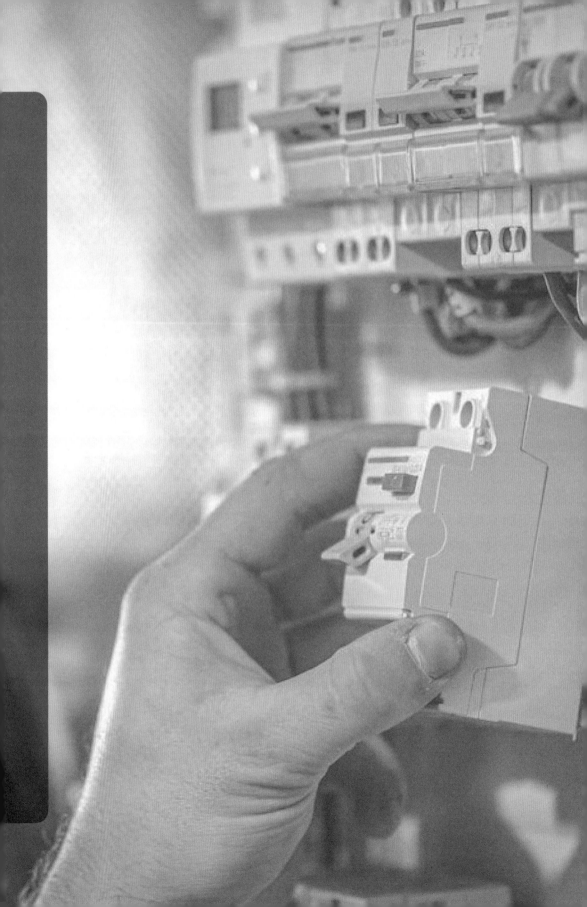

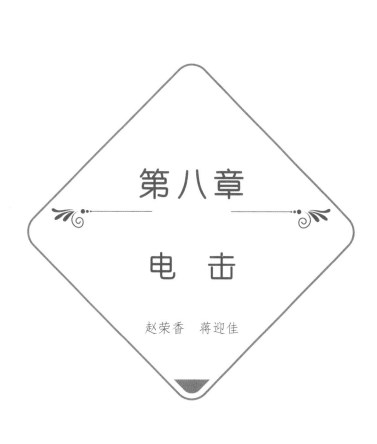

第八章

电 击

赵荣香 蒋迎佳

第一节　概述

　　电的发现为人类带来光明和进步，但忽略电本身存在的危险，儿童可能被电击，发生难以想象的伤害。

　　电击由雷电、闪电、触及家用电线或者意外折断的电线以及接触某些带电体等引起闪击所致。电击引起人体皮肤及其他组织器官的损伤及功能障碍称为电击伤。全球范围内，电击伤在烧伤中仅次于烫伤和火焰烧伤，其发生率和死亡率没有具体报道。大多数电击伤发生在室内，成人电击伤通常发生于工作中，主要是高压电触电。发达国家电烧伤病人占同期烧伤病人的 3% ～ 5%，而发展中国家这一比例为 21% ～ 27%。

　　儿童电击伤主要发生在家中。我国 5 ～ 14 岁人群意外触电死亡率城市高于农村；15 ～ 19 岁人群意外触电死亡率农村高于城市。男性多于女性。学龄前儿童更易受到低电压电击伤。

　　雷击的发生率非常罕见。雷电是大自然放电现象，其直流电压可达 109 V，电流最高约数万安培，放电时间 0.01 ～ 0.1 秒，产生 3000℃ 的高热和冲击波。雷击主要有电流直接作用、闪电火花致空气超高热作用、空气巨大冲击波打击作用，其中电流直接作用对人体的损害最大。

常见触电可分为单相触电、两相触电和跨步触电。其中，单相触电是指人体在地面上或者其他接地体上，手或人体的某一部分触及三相电中的其中一根相线，在没有采用任何防范措施的情况下时，电流就会从接触相线经过人体流入大地，这种情形称为单相触电。两相触电是指人体两处同时触及两相带电体（三根相线中的两根）所引起的触电事故。这时人体承受的是交流 380 V 电压，其危险程度远大于单相触电，轻则导致烧伤或致残，重则引起死亡。跨步触电是指当架空线路的一根高压相线断落在地上，电流便会从相线的落地点向大地流散，于是地面上形成了一个特定的带电区域（半径为 8 ~ 10 m），离电线落地点越远，地面电位也越低。人进入带电区域后，当跨步前行时，由于前后两只脚所在地的电位不同，两脚前后间就有了电压，两条腿便形成了电流通路，这时就有电流通过人体，造成跨步触电。

电流造成人体损伤的前提是人体成为电流通路的组成部分。人体触电后，可以引起局部疼痛、麻木、皮肤肌肉收缩、乏力、心悸、头晕、呼吸困难等。电流对心、肺与脑损伤最大，电流通过心脏，能引起心室纤颤的致死电流为 100 mA，致死电压 250 ~ 300 V。电流经过头部会引起癫痫发作、脑出血、呼吸停止和生理变化（如短期记忆障碍、性格改变、神经过敏和睡眠失调）。

电流致人体损伤的机制包括以下几个方面：

（1）电流机械作用，破坏细胞内离子平衡，造成细胞"极性化"。

（2）电流热作用，当温度达到 70℃ 时，蛋白质凝固，形成圆锥形坏死。

（3）高压电产生电弧，温度可达 4000℃，发生严重电烧伤。人体遭受电流作用产生"电流性昏睡"，呈假死状态，及时抢救可挽回生命。电击死亡的主要原因是心室纤颤和呼吸麻痹。

第二节　电击发生前的危险因素

案例：

　　2020年1月某日，沈阳张女士的2岁女儿抓着一根铁钉玩，把铁钉插进了插线板的插孔内，瞬间被电击倒在地，双手和面部都遭到了电击伤害，面临毁容和截肢厄运。

　　儿童对于环境的好奇并表现出的举动，常常给家长带来惊喜，可是对与电相关物品的好奇和探寻，往往带来惊吓，甚至悲剧。

一、个体因素

1. 年龄和性别

　　学龄前儿童随着活动能力的增加，对于事物的认知比较浅显，喜欢探索，遭遇电击的风险高。学龄期儿童由于获得安全常识的教育，遭遇电击的概率降低。青少年由于爱冒险、寻求刺激、户外活动能力强，也容易遭受电击。男孩遭遇电击的风险高于女孩。

2. 性格特征

　　性格活泼外向、喜欢冒险或者行为冲动、情绪不稳定的儿童更容易遇到意外伤害。另外，当儿童与同伴出行的时候，迫于自尊心、表现欲或者好奇心，也容易遇到电击等意外伤害。

3. 高危行为

　　儿童用手指插入孔洞、将物品插入或塞入电源插座孔、爬上屋顶或树上、攀爬电线杆、雨中玩耍、接触带电的电器等高危行为容易遭遇电击。

二、物理因素

暴露于"危险"有电环境是发生电击最重要的危险因素。

1. 室内电源插头、插座暴露

在儿童活动区域安装电源插头、插座位置过低，儿童容易用手指或用其他物品插入电源孔而接触到电源。

2. 电路不符合安全要求

电源线要满足电负荷要求，及时更换老化破损的电源线、插座、用电器，入户电源总保险与分户保险应配置合理，装设具有过载保护功能的漏电保护器，以免发生电击意外。隐藏在墙内的电源线要放在专用阻燃护套内。私拉乱接用电设备；私设电网防盗、捕鼠、狩猎和用电捕鱼；使用电视天线、电话线等非规范的导体代替电线；使用挂钩线、破股线、地爬线和绝缘不合格的导线接电，均会增加电击风险。

3. 不规范使用家用电器

家用电器使用不规范易诱发儿童电击事故。儿童如果靠近或接触家电的任何带电部分，如电灯、电视机的高压输出部分，都有被电击风险。家用电器接线不正确；自行拆卸电器；修理家用电器后未关闭电源；使用电热器件时，离开时或使用完毕未拔下插头切断电源。

4. 雷雨季节

夏季雷电暴雨高发，天气潮湿，容易发生电线断落、电器设备的绝缘老化、电器和线路过热。

5. 带电体与人、物体、地面的间距

间距就是保证必要的安全距离。远离空间放电发生的高压场所，如雷电区域、入户变压器的周围，不要攀登、跨越公共电力设施的保护围墙或遮栏，远离有高压危险标志区域；雷电天气时注意不要站在树下和高处；严禁往电力线、变压器等电力设施上扔东西；不要在电力线下放风筝、打鸟等。

6. 带电体靠近水或者入水

水和电是危险的组合。浴室、厨房是家庭水源地，环境潮湿，手或身体有水，使用电器、用潮湿抹布擦试带电的家用电器，用湿手接触带电电器，均有被电击风险。景观水池，由于喷泉、灯光等设计需要用电，存在触电的风险。

7. 绝缘措施能防止触电

瓷、玻璃、云母、橡胶、木材、胶木、塑料、布、纸和矿物油等都是常用的绝缘材料。应当注意，很多绝缘材料受潮后会丧失绝缘性能或在强电场作用下绝缘性能会遭到破坏，丧失绝缘性能。可采用遮拦、护照、护盖、箱闸等把带电体同外界隔绝开来。

三、家庭、社会环境因素

（1）家长或照护人对儿童的监护缺失。

（2）家长或者照护人的教育水平低、用电安全意识薄弱增加电击风险。

（3）儿童居住环境拥挤，缺乏安全用电设施。

（4）城乡差异，由于农村自然环境相对较为复杂，生产作业场所较广阔，缺乏警示和护栏，可能增加儿童电击伤害发生概率。

（5）缺乏针对全社会不同人群的安全用电教育。

（6）公共设施用电未考虑到儿童安全。

（7）安全用电的管理和监督缺失，未定期进行电气维护。

第三节　电击发生时的危险因素

2018 年 5 月 26 日傍晚，福建省福清市金辉华府小区，3 名儿童在小区水池旁玩耍时，因喷泉漏电，不幸触电身亡。

电击毫无征兆在瞬间发生，令人措手不及，电击对儿童的伤害后果与以下因素有关。

一、个体因素

1. 年龄和性别

遭受电击时，年长儿童比年幼儿童摆脱电流的能力强，男性比女性摆脱电流的能力强。

2. 机体状态

受热、受冷、失血、疲劳、兴奋、恐惧、过敏、心血管疾病、内分泌疾病、精神疾病、营养不良等使机体对电刺激敏感性增高。睡眠、麻醉使机体对电刺激敏感性降低。

3. 皮肤

电阻有阻止或减慢电流流动的功能。人体电阻主要集中在皮肤上，与皮肤的状况有直接关系。干燥、健康的皮肤电阻平均值是薄而潮湿皮肤的 40 倍。当皮肤割破、擦伤或电流通过潮湿的黏膜，如口、直肠、阴道等，其电阻值仅为完好皮肤的一半。有厚茧的手掌或足底的电阻可能是较薄皮肤区域的 100 倍。

电流通过皮肤时，碰上皮肤的电阻，大部分能量在皮肤表面释放。如果皮肤电阻很高，可在电流入口和出口部位发生大面积灼烧，两者之间的组织碳化。如皮肤较湿，人体电阻就小，则通过的触电电流就大，对体内组织损伤大。

二、物理因素

1. 通过人体电流的大小

相同电压下，电流强度是影响人体损伤最重要的因素。一般情况下，通过人体的电流越大，人体的生理反应越明显、越强烈，生命的危险性也就越大。而通过人体的电流大小则主要取决于以下方面：

（1）施加于人体的电压，电压越高，通过人体的电流越大。

（2）人体电阻越小，危险性越大。当工频电流（日常交流电工作时所形成的电流）为 0.5 ～ 1 mA 时，人就有手指、手腕麻或痛的感觉。当电流增至 8 ～ 10 mA，针刺感、疼痛感增强发生痉挛而抓紧带电体，但终能摆脱带电体。当接触电流达到 20 ～ 30 mA 时，会使人迅速麻痹不能摆脱带电体，而且血压升高，呼吸困难。当电流为 50 mA 时，就会使人呼吸麻痹，心脏开始颤动，数秒钟后就可致命。

2. 通电时间的长短

通电时间越长，人体电阻因出汗等原因而降低，导致通过人体的电流增加，触电的危险性亦随之增加。

3. 电流的种类

电流可分为直流电、交流电。交流电可分为工频电和高频电。这些电流对人体都有伤害，但伤害程度不同。通常情况下，直流电（DC）比交流电（AC）的危险性小。直流电一般会引起强烈的肌肉收缩，这样往往迫使受害者脱离电源。60 赫兹交流电引起触电部位肌肉强直，往往妨碍受害者脱离电源。无论是交流电还是直流电，电压与电流强度越高，损伤越大。

4. 电流通过人体的途径

电流通过人体的途径，以经过心脏为最危险。因为通过心脏会引起心室颤动，较大的电流还会使心脏停止跳动而导致死亡。从左手到胸部是最危险的电流途径。从手到手、从手到脚也都是很危险的电流途径。从脚到脚是危险性较小的电流途径。

5. 电压

触电伤亡的直接原因在于电流在人体内引起的生理病变。电压越高，电流越大。

三、家庭、社会环境因素

（1）各类电器产品未达到安全标准；电器发生过热、短路等故障；电源线发生破损、老化、断裂；漏电保护开关年久失修。

（2）电力设备设施、高压场所等缺乏隔栏防护和警示提醒。

（3）公众缺乏培训，无正确救援能力。

（4）缺乏触电急救处理相关培训指导。

（5）缺乏电气故障预警。

第四节　电击发生后的危险因素

案例：

2017 年 5 月 26 日，泰国发生一起雷电击人惨剧。事故发生在泰国西部城市达府，当时大雨滂沱，雷电交加。突然闪电横空而下，击中了正在树下躲雨的一群小学生，造成一名学生身亡，其余 29 名学生均有不同程度的受伤。

了解电击发生后的相关危险因素，及时救治，可减少电击后对儿童的损伤，挽救生命。

一、个体因素

发生严重电击后，儿童往往出现晕厥、呼吸困难、肌肉痉挛强直等表现，无法呼救和自救。年龄越小的儿童即使受伤害程度不大，也无法用语言进行表述，造成家长对儿童电击损伤的忽视。

二、物理因素

发生电击后，电击现场缺乏绝缘物体帮助儿童脱离电源或者不能在第一时间断掉电源，意味电击持续发生。脱离电源时间太长，会造成严重机体损害，甚至死亡。

三、家庭、社会环境因素

（1）儿童发生电击，经脱离电源后，现场人员应立即开始现场评估和急救，及时进行心肺复苏。如果现场人员不具备心肺复苏能力，就会丧失挽救生命的机会。

（2）急救部门响应时间过长。

急救部门在接到报警后，由于各种因素无法及时抵达事故现场，错过救治的最佳时间。

（3）院前急救医护救治能力缺乏或医疗机构救治水平有限；缺乏康复机构进行后续残障康复。

（4）社区为受害者及其家庭提供的支持力度小。经历电击伤的儿童容易出现心理问题，需要进行心理干预。

第五节　电击的预防策略

一、居家安全

（1）墙壁上的插座不要安装得太低，避免婴幼儿出于好奇去探索插座儿。

（2）选用符合安全标准，并带有儿童保护的插座和排插；使用插座盖盖住电源插孔。

（3）尽可能不使用拉线板；不准私拉乱接电线。

（4）擦拭灯泡、开关、电器时，要断开电源开关后进行；更换灯泡时，要站在干燥木凳等绝缘物上；不要用潮湿抹布擦试任何带电的家用电器。

（5）人走断电，用毕断电，停电时也要临时切断电源。

（6）按照安全要求使用各类家用电器。

（7）不在电力线上挂晒衣物。

（8）不用湿手扳开关、插入或拔出插头。

（9）如遇电器发生火灾，要先切断电源，切忌直接用水扑灭，以防触电。

（10）雷雨时，不使用收音机、录像机、电视机，且拔出电源插头；暂时不使用有线电话，如一定要用，可用免提功能。

二、出行安全

（1）不靠近高压带电体，不接触低压带电体。

（2）要远离电源、开关和插头。

（3）不要在通电区域嬉水。

（4）严禁攀爬、摇晃电线杆。

（5）严禁跨越电力设施的保护围墙或遮栏。

（6）不要在电力设施（如变压器、电线）附近打鸟、打球、放风筝等。

（7）避免在雷电天气出行，不要在树下躲雨。

（8）发现电线断落时，不要靠近落地点，更不能触摸断的电线，要离开导线的落地点 8 m 以外，并看守现场，立即找电工处理或报告供电所。

第九章

机械性损伤

张国英　贺晓春　徐丽

黄美琳　蒋小勇

第一节 概述

案例：

2017 年 1 月 11 日，大连庄河华联超市 1 名 4 岁男童在一处儿童乐园玩耍时突发意外。他被上下摇摆的电动游乐车挤压头部，重伤垂危，经医院抢救 37 天才保住生命。孩子被诊断为"脑疝、弥漫轴索损伤、脑干损伤、多发脑挫裂伤、颅底骨折、颅骨骨折、硬膜外血肿、颅内出血、左侧巨大蛛网膜囊肿、左侧眶骨粉碎性骨折、右侧眶骨骨折、左侧眼睑皮肤裂伤、视神经损伤、鼻骨骨折"，同时被鉴定为五级伤残。

儿童活泼好动，好奇心较强，在日常生活和社会活动中，随时可能发生各种不同类型和程度的机械性损伤。机械性损伤可能出现在各种意外事故中，其发生率和死亡率皆较高。

机械性暴力作用于人体所引起的损伤称为机械性损伤，包括踢、打、咬、刺、切、砍、摔跌、坠落，以及交通、飞行、航海事故等损伤，但不包括高温、低温、电流、雷击、放射线和中毒所导致的损伤。

机械性损伤主要形态改变包括以下方面：

（1）压痕。钝器强力压迫皮肤所遗留的痕迹，无组织结构破坏和局部功能障碍是组织受到压迫或挤压在未达到弹性回复前的一种表现，如牙咬痕、轮胎辗过人体时的印痕等。

（2）表皮剥脱。致伤物与表层皮肤呈切线方向互相擦挫作用而引起的皮肤表皮层与真皮层脱离称表皮剥脱，包括抓痕、擦痕、压擦痕和撞痕等。

（3）皮内及皮下出血（挫伤）。致伤物打击或挤压造成皮肤及皮下组织的闭合性损伤。

（4）致伤物作用于人体使皮肤全层的完整性受到破坏称创伤。根据致伤物及形成的创口不同，创伤可分为钝器伤、锐器伤及枪弹创 3 种。

（5）组织挫碎。钝性物体挫压致皮下结缔组织、脂肪组织以及肌肉组织发生出血坏死称组织挫碎。

（6）关节脱位。构成关节的骨端脱离正常位置者称关节脱位，俗称脱臼。活动范围较大的关节受到大的外力作用或体位剧烈变动时易发生关节脱位。

（7）骨折。外力作用使骨的解剖学完整性被破坏时称骨折。按照骨折的形态不同，骨折可分为线性骨折、塌陷性骨折、孔状骨折以及粉碎性骨折 4 种基本形态。

（8）内脏损伤。外力作用导致的体内脏器破裂等称内脏损伤。内脏损伤可由外力直接传导所致，也可受剧烈震荡和体腔内压改变所致。

（9）肢体断离。巨大暴力使人体各部遭受广泛而严重破坏及肢体离碎称肢体断离。肢体断离多见于高空坠落、交通事故等。

第二节　机械性损伤的影响因素

案例：

　　2020 年 2 月 25 日中午 1 时，家住镇安县的周先生带着 5 岁的女儿前往家门口的菜市场，途中孩子突然挣脱了爸爸的手向前方跑去，就在这个时候，一辆小型轿车撞向女童。车祸造成女童开放性颅脑损伤，右侧额骨骨折，右眼眶壁、额窦壁多发骨折，颅内积气，双肺挫裂伤，肝脾挫裂伤等。经过现场急救，120 救护车将其紧急转运到了西安儿童医院，通过多学科团队的救治，最终转危为安。

　　机械性损伤形成的主要因素为：机械力的强弱、人体组织的结构特点和致伤物的性质等多种因素。

一、影响机械力的物理学因素

　　1. 高度

　　人体体重越大，离地面越高，跌倒或高坠时所受的力越大，损伤也越严重。人体从高处坠落的过程中，若被障碍物所阻挡而分段下坠，则势能分段递减，从而转换成的动能较小，故所造成的损伤较未受阻挡者为轻。

　　2. 速度

　　致伤物没有运动就不会产生能量，速度越快，对儿童的机械性损伤越严重。如轻轻地将一块砖放置在头顶上，由于速度几乎为零，则不会引起损伤，但如果以每秒 10 米的速度将砖抛打在头部，则可造成严重颅脑损伤。同理，高速运动的子弹头，尽管质量小，却可引起人体严重的损伤。

3. 时长

致伤物作用于人体或人体撞击致伤物后，从开始碰撞到静止所经过的时间即为能量释放的过程。冲撞时间越短，冲撞力越大，对机体所造成的损伤越严重。

4. 力在体内的传递

受力部位体内器官是固体实质性器官，抑或空腔器官，其后果不同。空腔器官内容物很少时与充满流体时后果也不一样。按流体力学的原理，空腔器官如胃、膀胱等在处于充盈状态时易引起破裂。脚跟受力时，力可经下肢、骨盆、脊柱一直传递至颅底。

5. 其他因素

人体受力面积的大小、力作用于人体的方向和力的作用方式，对损伤的严重程度影响不同。如锋利尖端或刃缘的锐器，容易穿破体表组织造成深部组织器官的损伤。同一致伤物，作用于人体的方向不同，可产生不同形态的创口。力的作用方式可分牵拉、压缩、剪切、扭转、屈折等多种，其所产生的损伤形态及后果各不相同。

二、人体组织或器官的结构特征

1. 人体组织结构特征

人体皮肤在损伤时是外力首先作用的部位。全身皮肤结构均由表皮、真皮、皮下结缔组织及脂肪组织构成，这是它们的共性。但全身不同部位的皮肤又各有不同厚度、不同角化程度、不同的皮纹方向和不同的皮下组织结构。因此，同是皮肤，在致伤力相同的情况下，各部位形成的损伤可有差异。

2. 组织或器官的生物力学特征

人体的各种组织各有不同的弹性和脆性，其致密程度、纤维排列的方向及数量的多少均不一致，对暴力的作用和反应不同，对损伤形成的机制和形态特征影响甚大。例如松弛的皮肤具有较大的弹性和韧性，可拉长40%，故能抵抗较大的压力。肌腱的韧性和骨骼的硬度较大，也能抵抗较大的压力。而肝、脾、肾等实质器官，结缔组织少，被膜薄，脆性大，受各种作用力时易造成破裂。因此，有时打击腹部，局部皮肤可无明显损伤或只有轻微损伤，而内脏器官则可发生破裂。脑组织含水量大，外力传入后呈液态波动性传递，易发生冲击伤、对冲伤。胃肠等空腔器官，在内容物充盈的状态下，外力作用后可发生惯性波动，通过内容物冲击胃肠壁，在薄弱处发生穿孔或破裂。

三、致伤物的性质和特征

硬度大的致伤物形成的损伤明显重于硬度小的致伤物。铁质的致伤物因质地硬，比重大，在同等条件下造成的损伤较木质致伤物所造成的损伤要严重。有柄的致伤物，易于挥动，运动幅度大，打击力量大，故造成的损伤较重；无柄的致伤物不便持握，常贴近伤人。具有尖端或锐利刃缘的致伤物作用于人体，其作用力高度集中于其尖端或刃缘接触的部位，由于作用面积小，作用力集中，较易穿破皮肤、内脏，且造成的损伤较重；而钝圆的致伤物，打击人体时，作用力均匀地分散于较大区域，故所造成的损伤相对较轻。

四、人体受伤时所处的位置及状态

人体受伤时所处的位置及状态不同，也可以影响损伤形态。致伤物打击相对固定的人体所引起的损伤，较未固定者严重。用同样大小的力，打击可自由移动的头部，不一定引起严重损伤。但如从垂直方向打击卧于地上的头部则可引起明显的颅脑损伤。

人在处于昏迷状态或未意识到外界打击时，由于缺乏自我保护能力，不能躲避或抵抗，其所受的损伤远比清醒状态或已意识到危险时所受损伤严重。

第三节 机械性损伤的常见类型

案例：

　　2017 年 6 月 15 日 16 时 50 分，江苏省徐州市丰县创新幼儿园附近发生爆炸，造成 8 人死亡，65 人受伤，其中 8 人重伤。

一、钝器伤

　　常见钝器有棍棒、斧锤、锄头、扳手、砖石、拳脚及其他无刃或无尖的物体。身体撞击地面、墙壁或汽车、火车撞击造成的交通事故也可形成钝器伤。钝器伤可表现为表皮剥脱、皮下出血、挫伤、挫裂创、骨折、内脏损伤和脑损伤，甚至肢体断离挫碎等。我国 1～4 岁、5～8 岁、10～14 岁、15～18 岁年龄组人群钝器伤发生率分别是 23.41%、21.37%、19.31%、35.43%；家中、学校与公共场所为钝器伤的前三位发生场所；头部为钝器伤伤害的首要部位。

二、锐器伤

　　有刃缘或锐利尖端的物体作用于人体所造成的损伤为锐器伤。常见锐器有刀、斧、剪、匕首、锥、刺刀、锐利玻片等。根据机械作用方式的不同，常分为切创、砍创、刺创、夹剪创。家中是锐器伤最常见的发生场所。

三、火器伤

　　由火器的投射物引起的损伤，包括枪弹损伤和爆炸损伤。火器伤多发生于战争时，在和平时代较少。枪弹伤多见于他杀和自杀，偶见于走火、打猎误击等意外事故。弹头对人体的作用包括穿透作用、戳破作用、打扑作用、炸裂作用。

爆炸伤是指爆炸物在极短时间内产生大量气体，体积急剧膨胀，产生高压和巨大能量，向四周快速释放而引起周围介质振动、破坏，并产生巨大声响的现象。根据爆炸物不同，爆炸分为以下几种。

（1）物理性爆炸：在一定空间内高气压急骤释放所致的爆炸。

（2）化学性爆炸：因某些物质发生化学变化而瞬间产生大量气体致体积迅速膨胀，并同时产生高热、强光作用等所致的爆炸。

（3）核爆炸：由原子核发生聚变或裂变而发生的爆炸。

常见的爆炸物有炸药、爆竹、瓦斯、煤气、电化学品等。爆炸对人体造成多种损伤，一般有炸碎伤、炸裂伤、抛射物伤、冲击波伤、烧灼伤、抛坠伤等。

四、挤压伤

挤压伤是一类复合的钝性机械性损伤，以意外和灾难事故多见。人体被较大重物挤压所产生的一系列损伤，多见于地震、山崩、塌方、爆炸、重型机械挤压、人群踩踏挤压、交通事故等。

挤压伤的特点是皮肤和软组织广泛损伤，表现为外轻内重。体表损伤多为擦伤或挫伤，能反映挤压物的形状特点。胸腹部挤压伤可引起窒息，伴有骨折时可引起脂肪栓塞。挤压伤如果不及时处理，可发展成为挤压综合征。挤压综合征是指遭受挤压伤的伤者在挤压解除后，全身微循环障碍，出现以肌红蛋白尿和急性肾功能衰竭为主要特征的临床症候群。

第四节 机械性损伤的防治策略

（1）首先防止危险的产生，如禁止销售或使用不安全的煤气罐。

（2）减少危险发生时所蕴含的能量，如降低车速。

（3）预防危险的发生，如将刀、剪等放置在儿童无法触及的地方。

（4）从源头降低危险的发生率并改善其空间分布，如使用头盔和安全带。

（5）从时间和空间上将人与危险分开，如设置自行车道和人行道。

（6）通过放置障碍物将人与危险分开，如窗户护栏。

（7）改变风险的基本性质，如软质地的运动场地。

（8）增强人对伤害的抵抗能力，如良好的儿童营养。

（9）降低已出现危险带来的伤害，如现场止血。

（10）对伤者进行安抚、救治和康复治疗，如医疗的多学科救治。

插画设计：东城根街小学 张亦阳

第十章

中 毒

蒋迎佳 段凤仪

万鸿 胡海燕

第一节　概述

案例：

　　2022 年 6 月，西安儿童医院儿童重症医学科（PICU）收治了一名 7 岁的女孩，其不明原因出现腹痛、大汗淋漓、畏光、四肢不自主抖动、头痛、睡眠减少等症状，当地医院曾考虑"颅内感染"。经过仔细询问患儿奶奶，得知孩子起病前在邻居家进食过"巧克力"，经多方询问得知该"巧克力"实为减肥药（成分为西布曲明，一种新型的中枢性减肥药，我国自 2010 年 10 月 30 日起，将该药列为违禁药品），医院立即为孩子行血液灌流治疗，经过治疗后痊愈出院。

　　丰富多彩的大千世界中存在大量儿童意外中毒的可能性。

　　在一定条件下，毒物以较小剂量进入机体后，能与生物体之间发生相互作用，导致机体组织细胞代谢、功能或 / 和形态结构损害而出现的疾病状态称为中毒。毒物可被吸入、摄食、注射或接触吸收。胎儿在子宫内也可能中毒。我国经口中毒，居前五位的毒物类型是细菌、植物、化学品、农药和真菌（主要为毒蘑菇）；经呼吸道或 / 和经皮中毒，居前五位的毒物类型是窒息性气体（主要为一氧化碳）、刺激性气体、有机溶剂、农药和混合气体。除突发公共卫生事件外，事故灾难、自然灾害和社会安全事件都可能衍生突发中毒事件。

　　世界卫生组织（WHO）报道中毒为全球儿童意外伤害的五大死亡原因之一。中毒可发生在儿童的各个年龄段。在我国，中毒是 0 ～ 14 岁儿童伤害死亡的主要原因之一，其中，1 ～ 4 岁年龄组中毒人数占所有 0 ～ 18 岁总中毒的 23.59%。中毒位列 0 岁组儿童伤害死亡原因的第六位，1 ～ 4 岁组儿童伤害死亡原因的第五位，5 ～ 14 岁组儿童伤害死亡原因的第六位。男性中毒死亡率高于女性。家中是中毒病例最常见的伤害发生场所。在儿童中毒事件中，药物中毒占比在 40% 以上，主要原因为儿童自己误服。44.0% 的中毒会导致中重度伤害。

第二节　中毒发生前的危险因素

案例：

2020 年 5 月，江苏镇江一名 3 岁男童在家中误服浓缩洗衣液后昏迷，幸被及时送到医院，经救治后转危为安。

每一个儿童都应该在无害健康和安全的环境中成长，千万不要低估孩子的探索能力，他们真的敢把全世界都放进嘴里尝尝味道！因此必须充分了解中毒发生前的各种危险因素，提高家长和照护者的警惕性，提前防患于未然，预防"中毒"的发生。

一、个体因素

1. 年龄

我国不同年龄组儿童的中毒流行情况差异明显。婴儿期最少，因婴儿多在家长的监管下，中毒发生率低，其主要中毒原因是家长缺乏医学常识或疏忽大意，喂服药物过量及错误喂服所致。高发年龄以 1 ～ 3 岁幼儿期及 3 ～ 6 岁学龄前期为主，此年龄段儿童好奇心较强，缺乏识别能力，喜欢用嘴探索世界。

2. 性别

男孩中毒比例高于女孩。相比同龄女孩，男孩有更多的好奇心、尝试欲望，好动，易误服造成中毒。

3. 生活习惯

喜食野生植物、野蘑菇等；家中有中药泡酒习惯。

4. 危险教育

学龄期儿童是否具备毒物识别相关常识、是否有自救互救技能直接关系到急性中毒的发生和严重程度。如果提前进行中毒相关危险教育，可帮助学龄期儿童一定程度上避免接触毒物。

二、物理因素

接触毒物是中毒的首要条件，早期识别毒物存在的可能，进行回避和防护尤为重要。

1. 毒物暴露

在日常工作生活的各种场所，人们都存在接触各类化工用品和药品的可能。自然环境中可能存在毒性较高的物质，如特殊矿物；农田、公共绿植被定期喷洒杀虫剂；家中或公共场所露天放置含杀虫（鼠）药的诱饵；燃气具安装和使用不规范；在封闭环境中使用燃煤取暖，造成有毒气体的产生和聚集等。以上情境中，儿童非常容易接触到各种可能潜在的毒物。

2. 季节因素

冬季易出现一氧化碳中毒；夏季易发生有毒生物中毒、中毒性食源性疾病。云南地区秋冬季节有进食乌头类植物根块进行食补的习惯。

3. 毒物的特性

浓度越高的致毒物，其所致的死亡率和重症患病率的风险就越高。毒物的一些物理特征如尺寸、形状、颜色、结构和气味可能会吸引儿童。液态毒物比固体化合物所致的伤害发生率更高。因为液态剂型比粉末剂型更容易吞咽。干净清亮的颜色比黑暗模糊的颜色、小固体比大固体具有更高的吸引力，因此也更容易被儿童摄取。颜色鲜亮的固体药物也对儿童具有更大的吸引力。白色粉末可能被误当作面粉、淀粉或是奶粉使用。

4. 毒物储存

物品储存时忘记贴标签或贴错标签；容器无安全锁；有毒物品被不恰当地存放在靠近食物的地方；各类清洁消毒剂随意放置在地面；药品随意放置在手提包、冰箱、床头柜、架子以及浴室壁架上；过于拥挤或是有限的物品储存空间；各类物品的包装和盖子能被儿童轻易打开。

三、家庭、社会因素

（1）照护人安全防护意识淡薄，缺乏对毒物和中毒风险的辨别意识。大多数的低龄儿童中毒发生在家里，家长或照护人就在旁边从事家务活动。尽管持续性的直接监管（总保持在视线范围内）能够减少儿童对毒物的获取，但这样做并不现实。

（2）农村中毒发生率显著高于城市。因农村使用农药、灭害药，遇到蛇虫等有毒动物的概率大。

（3）家庭和公共场所对各类毒物暴露的管理和防护缺失、缺乏有效的警示。

（4）家庭成员有急慢性疾病，需服用药品。

（5）家庭的经济收入低、家庭子女多、父母失业或文盲，相关知识普及不足容易发生儿童意外中毒。

（6）医院对药物使用和储存的指导不足，尤其儿童用药未提前进行每次用量的分装或未配置标准计量的取药器。

（7）有毒产品的包装缺乏相关法规和标准。许多产品必须依法进行儿童安全包装才能销售。通常需要装有儿童安全锁的瓶子或者是泡罩包装。

（8）未普遍持续开展中毒预防宣传和健康促进。

第三节　中毒发生时的危险因素

案例:

　　2020 年 6 月，广东惠州一 3 岁男童在小区玩耍时，误食小区里的滴水观音种子，出现"哭闹不安、喉痛、流涎"等中毒症状，家长及时发现后，紧急送往医院救治，由于进食的量不多，而且没有完全嚼烂，经洗胃、补液等系列对症治疗后，患儿病情好转出院。

　　中毒物质无处不在，每年都有儿童因误服有毒物质被送到急诊室就诊。大多数急性中毒无特效解毒剂，缺乏特效治疗手段。有效识别中毒发生时的危险因素，及时正确处理，为中毒导致的生命危险提供挽救机会显得尤为重要。

一、个体因素

　　1. 摄入毒物的行为隐秘或保密

　　婴幼儿摄入有毒物质往往隐秘，不会主动告知照护人或无法用言语明确表达中毒事件。少数学龄期儿童因偷食常害怕受到父母责罚，在误服后故意隐瞒。极少数青春期少年故意中毒，服药后往往隐瞒实情，导致发现晚、致死率高。

　　2. 遗传因素

　　遗传因素与中毒严重程度有关，例如：G-6-PD（葡萄糖 -6- 磷酸脱氢酶）缺乏者对高铁蛋白形成剂中毒敏感易发生溶血；血清 a1- 抗胰蛋白酶缺乏者，在刺激性气体中毒后易形成肺纤维化。药物代谢酶及其他酶的基因多态性，在人群、个体间、种族间存在较大差异。

3. 对毒物的识别能力

儿童是缺乏判断力的天生"吃货"，对外界的好奇心强，喜欢用嘴探索世界。毒物的色彩、形状、气味及药品的甜味对他们都有极大吸引力，容易把毒物当作好吃的零食糖果。平时缺乏接受儿童安全用药的常识教育，儿童普遍缺乏对有毒物品的辨识能力。

4. 健康状况

儿童承受毒性作用的能力依赖于其自身的营养和健康状况。大多数物质的毒性随剂量增加而增加的趋势与体重有关，一些毒物会随着儿童的成长而被其体内的酶系统所清除。体弱儿、疾病儿童更容易发生中毒。

5. 性别

女性对毒物相对更为敏感，部分女性体内脂肪含量较多，有机溶剂易吸收，有毒物质在体内贮留时间较男性长。此外，雌激素也可影响毒物的酶转化。

二、物理因素

1. 毒物种类

毒物种类繁多，按照毒物毒理作用，结合用途、来源不同可分为以下几种。

（1）腐蚀性毒物：对所接触的部位产生强烈腐蚀作用的毒物，如强酸、强碱、苯酚等。

（2）毁坏性毒物：吸收后引起实质器官（如肝、肾、心、脑等）发生损害的毒物，如金属物、磷化锌、毒蕈等。

（3）功能障碍性毒物：吸收后妨碍脑、脊髓或呼吸功能的毒物，如催眠镇静剂、酒精、麻醉剂、兴奋剂、氰化物、一氧化碳等。

（4）农药：防治危害农作物、农产品的病虫害剂、去除杂草的制剂，如有机磷、有机汞、有机氯、有机氟、无机氟等。

（5）杀鼠剂：杀灭鼠类的毒物，如毒鼠强、氟乙酰胺等。

（6）有毒植物：产生毒性的植物，如乌头类植物、钩吻、雷公藤等。

（7）有毒动物：整体或部分器官组织具有毒性的动物，如河豚、蛇毒、斑蝥等。

药物中毒以镇静催眠类药物、抗精神病类药物、解热镇痛类药物、抗生素、心血管药物、避孕药等中毒较为常见。农药中毒主要为杀虫剂、除草剂和灭鼠剂等农药，其中有机磷杀虫剂中毒居首位。除草剂百草枯中毒是目前致死率最高的急性中毒性疾病。

有毒气体中毒常见类型有刺激性气体、窒息性气体和其他气态有毒物质。烧炭产生 CO_2，化粪池、阴沟等处产生有毒气体氨。甲醛常隐藏于板材、胶水里，环保质量不过关的板式家具、涂漆家具，都可能引起甲醛中毒。

重金属中毒一般是指重金属单质或其化合物引起的中毒。不管是常见的锌、铜、铁，还是人们谈之色变的铊、铅、砷、汞，超量接触或服用都会有生命危险。

2. 毒物摄入途径

毒物进入体内的主要途径是消化道（摄食）、呼吸道（吸入）、皮肤（吸收）和其他胃肠外（不经肠道）途径。一般来说，当毒物经过静脉途径，直接进入血液，反应出现最快，效应也最强烈。其他途径按效应大小的顺序排列，依次为吸入、腹腔内、皮下、肌肉、皮内、口服和表皮接触。经消化道吸收中毒为最常见的中毒形式，高达 90% 以上。

3. 毒性和剂量

浓度更高或更有效的致毒物，其致死亡率和重症患病率的风险就越高。一种毒物的化学组成决定了它的作用结果。毒物本身的毒性、是否有特效解毒剂往往决定了其致死性。摄入或吸入的毒物量越多，中毒危害越大。

4. 摄毒地点

家庭并非安全的港湾，66.36% 的儿童中毒发生在家中。当有毒物质出现在家中，例如，卫生间洗护消毒用品、厨房清洁用品、卧室客厅随处放置的药品……儿童伸手可及，存在巨大的中毒风险。

三、家庭、社会环境因素

1. 毒物易获得性

家庭成员患病或有老年人共居，导致家庭常备药物明显增加；成年人在儿童面前服药，甚至指导儿童帮助拿药；家长未按照医嘱给儿童超量服药；矿石开采的老旧冶炼工艺、化工厂未达要求的污染处理等导致环境污染，引发中毒。

2. 家长或照护人疏忽

尽管在中毒事件发生的时候，家长和照护人可能就在现场，但他们通常都在干家务或者是专注于自己的事情，无论居家还是户外，缺乏对儿童的持续性监管。

3. 社会经济环境

法律、标准和执法的缺陷涉及管理毒性物质的生产制造、贴标、销售、储存和处理等各个环节，以致儿童处于中毒的危险环境中。

4. 照护人缺乏对中毒早期识别

中毒的临床症状与体征常无特异性，儿童急性中毒首发症状多为腹痛、腹泻、呕吐、惊厥或昏迷，严重者可出现多脏器功能衰竭。家长往往将中毒症状与其他疾病混淆，导致未及时就医或就医时刻意回避可能中毒史。

第四节　中毒发生后的危险因素

　　2020 年，广东佛山一名 2 岁女童趁奶奶不注意，误吃了放在桌上的降压药。奶奶发现后没有及时将孩子送入医院，而是急着联系孩子妈妈。待孩子最终辗转入院，距服药时间已经过去两个多小时。孩子大约吃了三四十粒降压药，血压骤然降低，引起心跳骤停。最终，女童抢救无效不幸离世……夺去孩子幼小生命的药物，是带着苦味的"硝苯地平片"，却因为包裹有糖衣，被孩子误以为是甜甜的糖果，导致了悲剧的发生。

　　这个意外令家长惊慌失措，处置错误，延误宝贵抢救时间，最终造成孩子死亡的悲剧。了解中毒发生后的相关危险因素，并及时识别和处置，能帮助挽救中毒儿童的生命。

一、个体因素

　　（1）发生中毒后，由于毒物造成器官、组织的功能损害，儿童处于中毒状态，已无法陈述中毒经过或呼救。

　　（2）由于儿童摄入毒物的行为较为隐秘，家长或是照护人难以发现孩子中毒的迹象，造成儿童机体受到伤害的时间延长。

二、物理因素

　　中毒后及时"解毒"是降低伤害和致死率的关键，迅速确定中毒物质，寻求相应的解毒药至关重要。大多数中毒无特效解毒剂治疗，可用于临床的特效解毒剂非常有限。例如，阿托品用于拟胆碱药中毒；盐酸戊乙奎醚是有机磷农药中毒解毒药之一；纳洛酮用于阿片类药物解毒；硫代硫酸钠用于氰化物中毒；亚甲蓝用于亚硝酸盐、苯胺、硝基苯等中毒引起的高铁血红蛋白血症；乙酰胺为氟乙酰胺及氟乙酸钠中毒的解毒剂；氟马西尼用于苯二氮卓类药物中毒；二巯基丙醇用于砷、汞、锑、金、铋、镍、镉等中毒；依地酸钙钠用于铅中毒；奥曲肽用于磺脲类药物中毒；抗蛇毒血清用于毒蛇咬伤；肉毒抗毒血清用于肉毒中毒。

三、家庭、社会环境因素

（1）一旦出现误服，家长或照护人惊慌失措、错误处置、延迟送医或者没有能力及时送医，均会造成严重后果。

（2）缺乏区域性毒物检测中心，无法以毒理学分析领域最新的临床研究知识和技能作为支撑。发生中毒后，如果无法及时明确毒物性质，就会直接影响救治效果。

（3）缺乏专业的中毒管控中心，在疑似中毒案例发生时，无法对公众做出规范有效的处理建议。

（4）医疗卫生机构能力不足，中毒发生后无法及时救治，导致中毒的后果更加严重。医务人员能否快速识别中毒症状和体征，并给予正确的针对该种类型中毒的治疗，是能否救治成功的关键。对于中毒儿童，临床接诊医生需及时完成：

①可疑中毒药物的识别，包括药物的正常剂量和中毒剂量；

②中毒的临床表现，尤其是具有特征性的表现和体征；

③相关的实验室检查；

④中毒后的处理，尤其是特殊的解毒方式，而获得相关机构和毒物专家的咨询与支持是必须且非常重要的环节，常见中毒药物的检查应在 24 小时内完成。

（5）中毒的应急救援"分秒必争"，必须在最短的时间内，运用最为高效的救援手段，完成现场急救和紧急送医的救援过程。

第五节　中毒的预防策略

（1）有效的儿童监护。

（2）教育儿童不捡食任何物品，学习识别不同场所常见的有毒物质，做好标签提示。

（3）妥善保存和管理各类有毒物质（含药品），入柜上锁。

（4）慎用高毒农药和消毒剂。

（5）使用安全燃气具，注意合理通风。

（6）正确服用药物，使用标准的取药器。

（7）选用各类物品时，尽量选择儿童包装和非致死剂量包装。

（8）养成良好的生活习惯，不进食不洁食品和陌生物品。

（9）当公共场所使用杀虫剂、清洁剂时，应将儿童带离。

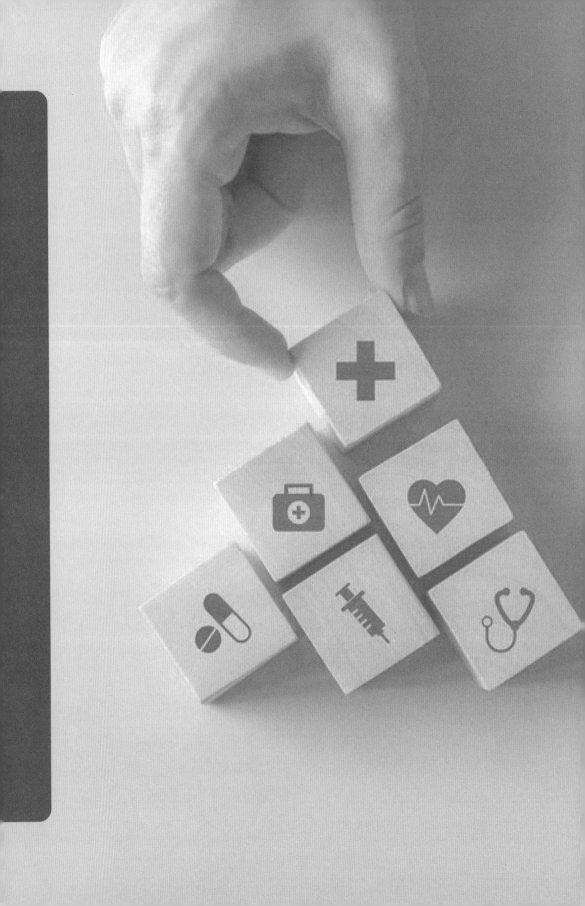

第十一章

全球儿童安全组织
（中国）案例分享

崔民彦

第一节　概述

全球儿童安全组织（Safe Kids Worldwide）是一个以预防儿童伤害为目标的非营利性组织，由美国华盛顿儿童医学中心（National Children Medical Center）于 1988 年创建。

从 1999 年起，全球儿童安全组织（中国）引进全球儿童安全组织的技术，以全球伤害预防的循证实践为基础，通过伤害研究、法规制定、环境促进及健康教育，携手卫生健康部门、教育部门、交警部门、质量安全技术部门，以及社区等多部门共同促进儿童安全。全球儿童安全组织（中国）以预防儿童伤害，促进儿童健康成长为使命。主要工作包括：儿童伤害研究，政策及立法推进、环境、工程、工具改进的促进，以及儿童安全宣传教育等。具体项目包括：儿童步行安全、儿童乘客安全、儿童用药安全、儿童居家安全、5 分钟学习心肺复苏、儿童溺水预防以及青年安全驾驶等。

至今，全球儿童安全组织（中国）已与国内近 10 家疾控中心、6 家医疗机构建立"儿童伤害预防促进中心"或"儿童乘客安全指导站"。相关项目和活动走入全国 40 多个城市，上千所中小学和幼儿园，每年通过各种活动惠及超过百万儿童及其家庭。本书在此与大家分享工作案例，从伤害预防策略的角度为儿童伤害防治提供相关方法和思路。

第二节　儿童乘客安全

1987 年，自第一个儿童乘客约束法规在美国田纳西州颁布以来，世界上已有近 100 个国家或地区出台了强制使用儿童安全座椅的法律法规，其中瑞典、英国、德国、澳大利亚等国家的儿童安全座椅使用率已超过了 90%。

随着汽车的不断普及，我国已经进入了家庭用车蓬勃发展的大时代，儿童乘车安全问题越发受到社会关注。在对儿童乘客约束装置，即儿童安全座椅的正确使用上，我国公众的认知情况不容乐观。推动儿童安全座椅的广泛使用需要依靠法规的保障作用、提高公众的认知水平及开展正确使用的技术培训，三者缺一不可。为此，全球儿童安全组织（中国）从 2010 年起开始推进上述三方面工作的开展。

一、促进法规改进

　　在 2010 年 1 月，全球儿童安全组织（中国）受邀参加上海市政府召开的"儿童乘客安全立法咨询会"，介绍发达国家有关儿童安全座椅立法的情况和面临的问题。2012 年 8 月，全球儿童安全组织（中国）再次参与上海相关立法研讨会，最终推动上海于 2014 年在《上海市未成年人保护条例》中加入了"不满 4 岁儿童需要使用儿童安全座椅"和"不满 12 岁的儿童要坐在车的后座"等相关条例。这为儿童乘客安全在大众中的进一步推进打下了基础，并推动了后续儿童安全座椅使用加入《上海市道路交通管理条例》中。

　　随后，全球儿童安全组织（中国）对国内多个城市儿童安全座椅的购买和使用状况开展了调研并出具调研报告，如《上海儿童乘客安全现状报告 2017》《三城市儿童乘客安全现状报告 2021》等。这些研究报告通过广告、媒体等渠道，进一步向政策制定者证明了健全相关法规对儿童约束系统使用的必要性。同时，召开相关的高层研讨会，就《未成年保护法》和《儿童发展纲要（2021—2030）》中加入相关内容展开讨论。最终，我国于 2020 年和 2021 年在《未成年人保护法》和《儿童发展纲要（2021—2030）》中都加入了儿童约束系统使用的相关条例。

二、技术培训

公众不仅需要知道应使用儿童约束系统,而且还需要如何正确使用。为此,给予使用者技术支持非常重要。在发达国家,儿童安全座椅的正确使用率只有70%左右。在中国,全球儿童安全组织(中国)引进《儿童乘客安全认证技术师》课程,启动"儿童乘客安全月"活动,帮助国内的家长们得到正确的技术指导并学会正确使用儿童约束系统。

全球儿童安全组织(中国)引进了美国的高速公路管理局的《儿童乘客安全认证课程》,培养"儿童乘客安全认证技术师"(CPST——Child Passenger Safety Technician),指导家长从一开始就能正确地使用儿童安全座椅。目前中国已经有了3名CPST导师,整个CPST培训课已经本地化,接受CPST培训的人员已经超过150名。他们来自各行各业,有交警、疾病预防人员、医生、公司职员,以及汽车4S店工作人员等。他们在各城市与社区,以自己的工作岗位为基础,针对家长开展儿童乘客安全教育,以及提供正确使用儿童约束系统的指导。

三、推动大众宣传,加强对家长的认知教育

2012年起,全球儿童安全组织(中国)与中国疾病控制预防中心合作,由人民卫生出版社出版了《儿童伤害预防系列画册》。该画册专门宣传儿童乘客安全,强调使用儿童安全座椅的重要性。

2015年,全球儿童安全组织(中国)与上海市公安局交通警察总队合作策划《安全座椅、安全出行》儿童乘客安全宣传片,宣传使用儿童安全座椅的重要性。此片在上海电视台、上海所有公交车及公交车站上播放。同时与上海市疾控合作,制作宣传海报,将海报悬挂在上海的地铁车厢内,达到了向公众进行宣传教育的目的。

全球儿童安全组织（中国）开发了"儿童乘客安全"幼儿园教育课程，对家长和幼儿进行教育。同时在上海、广州、北京和深圳等城市，对幼儿园老师进行了针对性的培训和教学评估。

全球儿童安全组织（中国）与上海市未成年保护委员会办公室和上海市疾病预防控制中心联合，制作了"儿童乘客安全"宣传海报，并下放到所有的上海市社区。

第三节 "影像之声"改进环境安全

"影像之声"是一种以影像记录现状的干预手段，它通过发动社区居民发现现实生活中存在的公共问题，用影像记录下来并提出解决方案，帮助政府采取改进措施以满足社区需求。"影像之声"的三个目标如下：

（1）鼓励居民用影像记录社区现状，表达改进需求。

（2）提高居民对社区所存在问题的认识。

（3）对相关政府部门决策产生积极影响。

把"影像之声"这一结果直观、操作简单的干预手段运用于儿童步行者安全促进项目，将帮助社区儿童用他们的视角来发现儿童步行者道路交通安全问题，并表达他们对道路交通安全改进的需求，为社区相关政府部门制定和实施决策提供重要参考，同时这也将为此项目在更大范围的推广积累成功经验。

"影像之声"看儿童步行安全项目于2008年2月在全球包括中国、美国、加拿大、巴西、韩国、菲律宾以及印度等国家同步启动，并得到了各国政府相关部门以及学校等单位的大力支持。

活动主要内容包括以下方面：

（1）在学校开展儿童步行者道路交通安全专题教育，同时教授发现步行中的问题。

（2）教授学生摄影基本技巧并提供培训与实践。

（3）与学生一起进行照片讨论与结果分析。

（4）把学生的改进需求建议与政府相关部门沟通，促进道路交通改善。

这一项目已在上海、广州和深圳的学校中开展，帮助改进学校周围的环境，促进社区儿童步行出行安全。

第四节　沉浸式体验式教育

儿童在成人已设计好的世界中生活成长，处处都可能存在危险，只有从儿童的角度来看危险才会更加真实和清晰。在居家儿童伤害预防上，我们启动了一个沉浸式体验的干预方案——安全小屋，帮助大家认识安全风险。

在社区、儿童用品店以及在儿童青少年的安全教育展示馆，建立"童眼看世界"安全小屋。在小屋中，家具以儿童的视角放大，如1.5米高的桌子、椅子、灶台等。在儿童的眼中，它们都是很高的，当他们对桌上或灶台上的东西感兴趣时，就伸出小手去扒，这样东西就倒下了，可能会是热汤、电壶等，引发烫伤。

我们开发了儿童视角5S看危险的方法和家庭环境改进工具，通过社区将方法以课程的方式下放到幼儿园。在幼儿园中，对家长进行教育，并请家长做家中危险检查，并运用工具对家中的危险地方进行改进，家长们会发来他们改进的照片。这一项目帮助家长看到家中可能存在的的危险，帮助家长改进对儿童有危险的地方。

第五节　参与式教育

交通安全宣传是交通安全促进中一个永恒的主题。交警一方面需要面对执法必严、违法必究的交通法规，另一方需要面对各类交通参与者们。如何让交通安全宣传更有效提升交通参与者的安全意识呢？下面相关交通安全宣传的优秀案例，或许能给您一些启发。

案例一

"我是道路安全代言人，我为自己代言"——鼓励青少年参与宣传电子设备使用对步行者的危险。

使用手机等电子设备已成为道路交通参与者危险行为的一种突出表现，无论在开车或步行时，使用手机、耳机、平板电脑等电子设备都是增加道路交通风险数的重要危险因素。

中学生是用手机上网增速最快的人群，为更多情况下独立步行的人群，也是受道路交通威胁最大的人群。

2015年，全球儿童安全组织（中国）在上海发起了"安全步行　抬头走——青少年因电子设备分心步行预防"的专题宣传活动。需拍摄时长为30秒的道路安全公益宣传片，我们向全市公开招募宣传片的主角们，并让他/她们演绎步行时使用打电话、发短信、玩游戏和听音乐4类分心行为。项目组用简短的剧本为青少年和他们的家长勾勒出一部安全主题的时尚大片，报名火爆。虽然最后只选中4名中学生参与拍摄，但是报名甄选的过程本身，已经吸引了青少年及其家长的极大关注。这种"半产品"的宣传策略，也就是"给一半，还有一半需要受众参与一起完成"的方法，弥补了传统交通安全宣传"大而全"对受众吸引力不够强的短板。此片发布后，在上海市交警总队支持下，分别在全市各公交车站、公交车移动传媒和上海外语频道滚动播出。

案例二

　　"该出现时，就出现"——应时、应地、应景的交通安全宣传信息

　　你有没有过这样的经历？当你走到十字路口看到红灯亮起时，是否会不自觉地掏出手机？在广州市的一个道路口大屏上出现了一部"打开盒子里的秘密"的小视频，当盒子里闪过"手机、生命、风险"等关键词时，你可能在犹豫自己是不是要继续掏出手机。当画面切换到4名中学生放下电子设备的特写镜头和他们萌萌哒笑容时，你可能已经完全被同化了。接着绿灯亮起，该"安全步行抬头走"了。

　　让交通安全宣传信息在那一刻出现，尽管只是一点，就能达到更好的情感体验和行为促进作用。与社会各方合作，让宣传信息适时在适合的场景中出现，将能更好地推动人们安全行为的改进。

附：儿童伤害预防自查

儿童中毒预防自查

全球儿童安全组织（中国）

家长安全自查一：儿童中毒预防

孩子比你快，让毒物远离你的孩子！

中毒是0～14岁儿童伤害死亡的主要原因之一，其中，1～4岁年龄组中毒人数占所有0～18岁年龄组总中毒人数的23.59%。中毒并不是不能预防的，**正确使用、远离毒物就是最好的预防措施。**

儿童中毒预防自查 望家长自查改进每一栏后，打√

☐ **养成良好的安全储存习惯。**把药品和所有清洁产品，包括洗衣剂储存起来，远离儿童的视线，不使用的情况下锁在柜子或壁橱里。

☐ 药品及清洁产品应**与儿童物品分开存放**。

☐ **阅读并遵循**所有药品和清洁产品的标签和说明。

☐ 在给孩子服用药物之前，要仔细**阅读说明书或遵循医嘱**。

☐ **特别注意所有家庭用产品中的安全警告**，如"远离明火""危险"或"请勿接触儿童"等。

☐ **每次使用化学用品完毕后，将容器完全关闭**，并立即放回儿童接触不到的高处或锁在柜子里。

☐ **用完的清洁剂容器要及时处理掉**，不要使用空的清洁剂容器来储存任何其他物品，特别是儿童用品。

☐ **从不把药品称作为"糖果"**。毒药可能看起来像食物或饮料。教孩子们在品尝任何东西之前要"先问后尝"。

☐ 时刻关注家中的燃气使用安全。

☐ 只要你有宠物或年龄在6岁以下的儿童，确保家中植物无毒。

☐ 在家中显眼的地方张贴燃气报警等紧急报警电话号码。

记住：您的孩子比你快，让毒物远离你的孩子！

现在就行动吧！

儿童烧烫伤预防自查

全球儿童安全组织（中国）

家长安全自查二：烧烫伤预防

一旦烫伤，疤痕将一生难修复

> 烧烫伤是 0～5 岁儿童在家里最容易发生的意外伤害之一。数据显示：在城市，超过 90% 的烧烫伤是由于开水、热水、热汤和其他热液所致；同时，节日里，燃放烟花爆竹也是幼儿烧烫伤的主要原因之一。

烧烫伤预防自查　望家长自查改进每一栏后，打 √

☐ 把家中的暖瓶、饮水器和电饭煲等热容器放在高处，使孩子不易碰到。

☐ 尽量不用桌布，以防孩子拉扯桌布引起盛放热液的容器翻倒。

☐ 把点火用具，如打火机、火柴放在孩子不易取到之处，并教导孩子不玩火。

☐ 煤气不用时关掉总开关，以防孩子模仿点火。

☐ 给孩子洗澡时，先放冷水，再放热水，并总是用手先试或用水温卡测水温，使水温保持在 38 度左右。

☐ 冬天使用电取暖器，注意远离孩子，或加围栏；热水袋、暖手煲等也要时刻注意其温度不过高。

☐ 家里的电插板、电源线等要远离孩子。婴幼儿会啃咬电线而被电击。

☐ 把家用强力清洁剂，如除污剂、碱水、浓硫酸等放在孩子不易碰到的地方，以免被孩子误食或泼洒到脸上或其他暴露的皮肤上，导致化学性烧伤。

☐ 明确家庭每间房间的逃生路线，并定期练习。

时时处处从儿童的角度来考虑安全，快乐幸福伴您到永远！

儿童溺水预防自查

全球儿童安全组织（中国）

家长安全自查三：儿童溺水预防

儿童溺水是我国 1 ～ 14 岁儿童的第一大死亡原因。

不同年龄儿童发生溺水发生的高危地点：

- 1 ～ 4 岁：脸盆、浴盆 / 浴缸、室内水缸
- 5 ～ 9 岁：水渠、池塘、水库
- 10 岁以上：池塘、江河、湖泊

☑ 时刻有效看护是第一条件。

> 儿童溺水预防的首要行动是时刻有效看护。当你的孩子在水中时，无论是在泳池中，还是在开放性的水域，不要只顾自己看书或玩手机，因为溺水随时可能发生。

儿童溺水预防自查 望家长自查改进每一栏后，打 √

1. 家中（幼儿和学龄儿童）溺水预防：

☐ 家中的水盆、水缸的水用好立即清空；同时，在用水，让幼儿远离。

☐ 给幼儿洗澡后，立即清空水缸中的水。

☐ 家周围的水井等蓄水容器要加盖。

☐ 如果房屋周围有开放式水域，应在院子或通向室外的房门安装护栏，以避免幼儿自行外出。

2. 泳池溺水预防：

☐ 带你的孩子去正规的泳池游泳。

☐ 在下水前，确保你的孩子已做好热身运动。

☐ 如果你与你的孩子一起在水中游泳，必须让你的孩子在你的一臂以内的距离。

☐ 如果孩子自己下水游泳，那么你需要时刻有效看护。

3. 开放水域溺水预防：

☐ 如果你带着宝宝去海滩玩水或游泳，你要做到时刻看护。

☐ 若多人一起到海边游泳，必须指派人员轮流看管孩子。

☐ 若在海中游泳一定要穿高质量的救生衣，并扣好所有的扣带。

☐ 如果带宝宝一起坐船，你的孩子一定要穿救生衣。穿时，系好所有的扣带。

4. 教育的你孩子关于溺水预防：

☐ 告知你的孩子：哪里可以游泳，水塘、水渠、江河不可以游泳，也不能去没有游泳管理员、非专门开设的游泳水域去游泳。

5. 学习心肺复苏技能，以备急救时用。

儿童跌落预防自查

全球儿童安全组织（中国）

家长安全自查四：儿童跌落预防

10 岁以下的儿童是发生因跌落而受伤或致死的高发人群。

跌落预防自查　望家长自查改进每一栏后，打 √

窗户和阳台

☐ 窗户边没有孩子可攀爬的桌子、凳子和沙发等家具。

☐ 窗户上装一定高度的栏杆。

☐ 窗户要保持关闭或开一定的宽度，儿童不能爬出去。

☐ 阳台的栏杆要足够高并不易孩子攀爬。

☐ 阳台栏杆间的宽度要不易孩子钻出（建议宽度要小于 8 ～ 9 厘米）。

台阶：

☐ 台阶处白天和夜晚都有足够的亮度。

☐ 台阶上如放地毯，地毯要铺平并没有毛边。

☐ 台阶上不要放置任何东西。

☐ 台阶至少有一边有扶手。

☐ 家有婴幼儿的，还可在台阶处装上一扇婴幼儿门，门的一头要闩上。

家具

☐ 不要让孩子攀爬凳子、桌子、床等家具。

☐ 当孩子坐在高处时，要时刻在旁边看护，最好用有安全带的儿童坐椅；并且当孩子坐在椅子上时，教育他不要站起。

☐ 大型家具稳定，不会因为幼儿攀爬而倒下砸到幼儿。

绊倒、失足和跌倒

☐ 家中的过道上没有杂物。

☐ 教孩子在玩后，收好玩具。

☐ 当地上有水时，马上要擦干。

☐ 在浴缸或淋浴间内装上扶手和铺上防滑垫。

在设计我们的家时，把儿童的安全放在第一位才是最完美的装修！

儿童安全出行预防自查

全球儿童安全组织（中国）

家长安全自查五：儿童道路交通安全

儿童步行安全自查 望家长自查改进每一栏后，打 √

学龄前儿童

☐ 每次出行沿马路步行时，都要拉着孩子。

☐ 在车多的地方，比如车库等，时刻有人看护着孩子。

☐ 自己是孩子的榜样，时刻按照交通规则步行。

上下学安全线路

为孩子选择一条上下学路线是家长在开学前必做的一项功课。在开学前建议您实地和孩子一起走一遍孩子的上下学路线，并试着用孩子的眼光来观察周围的环境，您需要掌握以下信息：

☐ 观察整个人行道路面情况，路面平整，没有未保护的电缆，没有窨井坑等。

☐ 道路附近是否有正在改建的房屋或店铺等；告诉孩子经过时要尽可能远离。

☐ 选择一条安全的路线，告诉孩子每天只走同一条路。

☐ 告诉孩子走在人行道上，不要走到车行道上。

☐ 告诉孩子过马路时走人行横道线，观察交通信号灯和车流情况，并严格遵守交通规则。

☐ 了解孩子上下学的路程时间。

安全驾车出行

☐ 所有 12 岁以下的孩子都应该坐在后座。

☐ 12 岁以下的儿童，要根据儿童年龄、身高和体重，正确使用儿童安全座椅。

☐ 车在开门时，应在靠边停稳后，家长亲自为孩子打开车门，特别是低年级的孩子。

☐ 家长作为司机应专心开车，不要和孩子说话、给孩子递东西等，以免分心。

☐ 在车上时，家长不要给孩子吃东西以防哽咽。

☐ 教导孩子坐车要安静，不要把身体的任意一个部位伸出车外。

☐ 不要把孩子单独留在车内。

安全乘校车

校车正日渐普遍，校车的安全问题也逐渐进入人们的视线。作为家长，也需要做很多来帮助自己的孩子学会安全乘车，培养孩子以下的安全行为。

● **上车：**

☐ 当校车在滑行靠边时，这时并不安全，千万不要急于靠近。当校车完全停稳之后，再上车。

☐ 排好队依次上车，不要推挤其他的孩子，也不要打闹，上车时扶好扶手。

● **坐车**

☐ 坐上校车，首先要做的是系好安全带。一定要养成这一习惯。

☐ 不离开座位，不在车上打闹，不把手或头伸出窗外。在车上保持安静。

● **下车**

☐ 下车时扶好扶手，小心台阶。不要奔跑着下车。

☐ 不要在校车附近逗留。如果有东西掉在地上，不要去捡，告诉老师或司机，请他们帮助。

☐ 下车后，如要过马路，千万不能马上在车前或车后过马路。要等到校车离开后，在人行横道线上过马路。

☐ 告诉孩子，无论什么时候都不要靠近校车，要始终在司机可见的范围内。

如果你的孩子是乘公共交通的，那么，我们建议你也跟孩子乘坐几次，告诉他安全的要点。

第二篇
儿童伤害急救

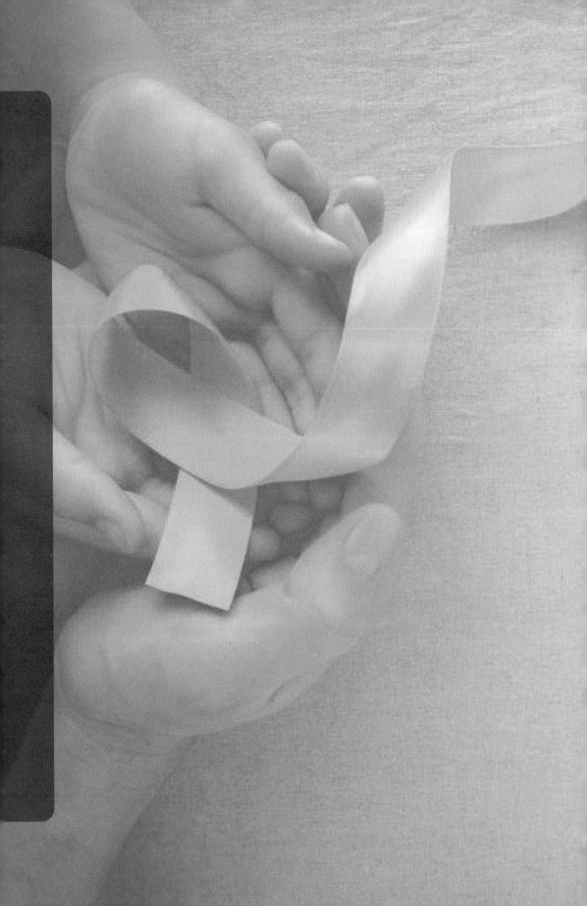

第一章

儿童生存链

马涛　蒋迎佳

儿童意外伤害不但影响儿童自身健康，也会增加家庭成员的经济负担和身心压力。一旦发生意外伤害事件，应尽全力保证受伤害儿童得到最佳救治。此时儿童生存链环环相扣，其中任何一个环节的缺失，都会影响受伤害儿童的救治效果、存活率和致残率。儿童生存链的组成（见图1），包括预防、启动院前急救系统、高质量心肺复苏、高级生命支持、心肺复苏后医疗救治、康复六个环节。

图1 儿童生存链

第一个环节
预防

父母、照护人、幼儿园和学校的教职员工等定期进行足够的培训，培训内容包括：①熟悉不同伤害发生前、发生时的危险因素，进行早期干预，并能定期演练；②识别患病和受伤的儿童；③提供现场基础急救；④启动院前急救系统；⑤熟悉所在社区的急救医疗资源。

第二个环节
启动院前急救系统

伤害发生后，应当怎么办？营救者或目击者打通当地急救电话并与接听员说话时，便启动了院前急救系统，专业的急救医护人员会尽快奔赴现场进行专业救治和转运。与接听员通话时，应提供简明扼要且准确的急救信息。

第三个环节
高质量心肺复苏

在专业急救医护人员抵达现场前，我们还能做什么？这一直是公众关注的重点。一旦遭受意外伤害的儿童出现心跳骤停，就需要现场人员快速进行高质量的心肺复苏。此时，性命攸关，时间就是生命，不能耽搁毫秒，及时实施救治并坚持到专业医护人员抵达现场。高质量的心肺复苏是儿童生存链的核心，是抢救生命的关键。每一位公民都有可能成为第一目击者，有责任在危急关头快速有效地施行现场的高质量心肺复苏，协助医护人员挽救儿童生命！

第四个环节
高级心肺复苏

此环节又称为高级生命支持，是由抵达现场的专业医护人员进行院前急危重症的救治和转运，需要专业的医疗设备、器材和药品。生命救治的接力棒在此时完全交给了专业的医护人员。

第五个环节
心肺复苏后医疗救治

心肺复苏自主循环恢复后，儿童需要转运到具备救治能力的医院进行后续的救治，稳定生命体征，尽力减少并发症，减少伤残。

康复

　　对儿童心脏骤停存活患者进行康复评估，康复计划由入院时即开始，并贯穿整个住院过程。脑损伤的影响可能在数月或数年后才被发现，至少在心脏骤停后 1 年进行持续神经系统评估。心脏骤停后的幸存者可能出现身体、神经、认知、情绪等损害，对心脏骤停存活儿童应持续进行焦虑、抑郁、创伤后应激反应和疲劳度的评估，制订生理、神经、心肺和认知障碍方面的多学科、多模式康复评估和治疗。

　　儿童生存链的第一、二、三环节具有公众性，这些环节包括父母、老师、保育人员、邻居或路人等，他们必须接受足够的规范培训。一旦儿童发生意外伤害，他们作为现场的第一目击者，能够在第一时间做出迅速正确的反应，帮助伤者获得最佳救护时间，避免错失挽救生命的黄金 5 分钟。

第二章

儿童基础生命支持

马涛　贺晓春　税丹

第一节　评估

一、评估环境

意外伤害发生时，现场救援者首先应评估当前环境是否安全，按照先排险后救护的原则，通过看、听、闻的方式评估现场有无持续性危险因素存在。只有在保障救援者、伤员安全的前提下，才能启动救护。

评估环境时要迅速和冷静，尽快了解现场情况。如现场环境有危险，应首先让伤者脱离危险环境。例如：对触电者现场救护时，必须先切断电源；对交通意外伤害者现场救护时，要给后续车辆警示，避免二次伤害；帮助烧伤患者时，应尽快使患者脱离火灾现场；救助溺水儿童时，要设法帮助其尽快脱离水体后才能进行后续救护等。

搬动遭受意外伤害的儿童时要非常小心。当发现一个神志不清的儿童躺在公路旁或大树下，或者婴儿从床上跌落在地上时，要警惕有创伤的可能。切勿随意搬动儿童的颈椎，防止颈部伸展弯曲和旋转，造成二次损伤。搬动时，必须多人合作，一人站在伤者头顶位，用双手固定住头部和颈椎，一人协助翻转身体。翻转时保持脊柱在同一轴线。利用现场的一些硬质物品如门板放置在受伤儿童身下的地面，再按上述方法将儿童放置在门板上，将头和身体同时托起进行搬动。

施救者要清楚了解自己能力的极限，判断现场可以协助的人员和物资，及时拨打急救电话，启动院前急救系统开展救护及转运。在现场救护过程中，应注意个人防护，在可能的情况下使用呼吸膜（见图2）等实施人工呼吸，必要时应戴上医用手套、眼罩、口罩等个人防护品。个人防护用品平时可以放在自驾车内或随身携带的背包里备用。

图2 一次性屏障消毒面膜

二、评估受伤儿童

1. 判断反应

轻拍儿童双肩，大声问："你怎么了？你还好吗？"如果知道儿童的名字，可以直呼其名。

如果儿童有反应，会回答、移动身体或呻吟，应快速查看儿童情况，判断是否受伤或是否需要医疗救助。

如果儿童无反应，要大声呼救，并拨打急救电话启动院前急救系统。施救者同时指派现场人员尽快取得自动体外除颤仪（AED）。

2. 检查呼吸

通过一听（是否有呼吸声）、二看（有无胸廓起伏）、三感觉（贴近口鼻，感觉有无呼吸气流），判断伤者有无呼吸。不要花费太长时间检查，用10秒时间进行判断，可以用数四位数的方法粗略确定10秒的时间，1001，1002，1003，1004，1005，1006，1007，1008，1009，1010。

如果看到儿童呼吸规律，且没有发现明显创伤，转动儿童置于侧卧位（恢复位置），有助于保持气道通畅，降低气道误吸的风险。如果儿童无反应、无呼吸，或者仅有喘息，应立即开始心肺复苏。

第二节　高质量的心肺复苏

心肺复苏是针对心跳、呼吸停止所采取的抢救措施，即用胸外按压与人工通气形成暂时的人工循环、呼吸，帮助心脏恢复自主跳动及自主呼吸，达到复苏和挽救生命的目的。心脏骤停 4 分钟内，抢救成功率约 50%；心脏骤停 6 分钟内，抢救成功率约 10%；超过 6 分钟后, 成功率仅为 4%；超过 10 分钟以上，抢救成功率几乎为 0。所以，一旦发生心脏骤停，应立即开始心肺复苏，同时尽早使用自动体外除颤仪。

一、如果儿童无反应、无呼吸，首先给予 30 次胸外按压

为了取得最好的效果，胸外按压要在坚实的平面上进行，充分暴露儿童胸部。快速按压：按压频率至少 100 次 / 分。按压有力:按压要有足够的深度，至少为胸廓前后径的 1/3。按压的位置：两乳头连线与胸骨正中交叉处。每次按压后保证胸廓充分回弹，以使血液充分回流至心脏。尽量减少胸外按压的中断时间。

胸外按压的手法：施救者用一只手掌根部置于按压部位，另一手掌根部叠放其上，双手十指紧扣，以掌根部为着力点进行按压（见图 3）。施救者肩、肘、腕位于同一轴线上，与被救者身体平面垂直，利用上身重力，进行快速、持续、有力的胸外按压。按压过程保持手臂伸直，肘部不可弯曲，利用上半身的重量，垂直、用力地往下压。对于小婴儿可采用双手环抱法、两指法进行胸外按压。

施救者疲劳会导致按压频率、按压深度以及胸廓回弹不充分，胸外按压的质量会在数分钟内下降。因此施救者应该大约 2 分钟轮流交替。按压替换人应该尽可能快地接替，中断时间不能超过 5 秒钟。

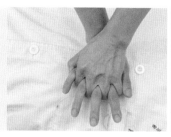

图3　胸外按压手法

　　胸外按压结合人工呼吸，对儿童而言，可达到最佳复苏效果。但是如果施救者没有经过人工呼吸的培训或者不会做人工呼吸，现场救助者应该进行持续的胸外按压直到其他救助者到达。

二、开放气道给予通气

　　检查口、鼻腔内有无异物，如有先清除。非专业人员使用仰额—抬额法开放气道。施救者一手放在儿童前额，使其头部后仰，另一只手放在下颌骨处抬起下颌。注意切勿用力压迫颈部。

　　施救者用上方的手捏住儿童鼻子，将呼吸膜垫在儿童嘴上（如没有呼吸膜可使用纱布），用嘴巴完全包绕儿童嘴巴，然后吹气。吹气过程中，用眼睛余光观察胸廓有无起伏。吹气结束以后松开嘴巴和捏住鼻子的手，让吹进去的气能够依靠胸廓的回弹呼出来。再捏住鼻子，包住嘴巴，吹第二次。施救者两次吹气结束以后，尽快给予30次的胸外按压，尽可能缩短暂停胸外按压的时间。

　　给婴儿实施人工呼吸时，使用口对口鼻通气法；对儿童，使用口对口通气法。每次吹气大约1秒，如果胸廓不起伏，重新摆放头的位置，做更好的口鼻密封，再试。

三、胸外按压和人工呼吸

　　对于儿童，理想的胸外按压与人工呼吸的比率目前仍然未知。对于单人施救，推荐30∶2的胸外按压与人工通气比。双人施救，推荐 15∶2 的胸外按压与人工通气比。胸外按压和人工呼吸，以 30∶2 的比例往复进行，每 5 个为一循环，时长约 2 分钟。5 个循环后判断被救者有无反应、呼吸、心跳。如果没有，则继续进行心肺复苏，直到专业医护人员抵达现场。

四、为保证高质量的心肺复苏，强调做到以下几点

（1）确保心脏按压部位准确，两乳头连线与胸骨正中交叉处。

（2）确保足够的心脏按压频率，100 ～ 120 次 / min。

（3）确保足够的胸外按压深度，至少为胸廓前后径的 1/3，儿童 5 cm，婴儿 4 cm。

（4）保证两次按压期间胸廓充分回弹，施救者手掌不离开胸壁，身体不倚靠被救者。

（5）尽量减少胸外按压的中断时间，更换施救者或需使用自动体外除颤仪时，在 5 ～ 10 秒内完成。

第三节　自动体外除颤仪（AED）的使用

自动体外除颤仪（以下简称 AED）是自动监测、分析、诊断心律失常，并通过快速电击除颤，让心跳从异常恢复至正常的急救设备。AED 是院外心脏骤停救治必不可少的措施，正确使用 AED 可以将受害者的生存概率提高 70% 以上。AED 是专供非专业人员使用的用于心肺复苏的设备，全程语音提示，又称"傻瓜机"。普通民众接受培训后，均可操作使用。目前在我国许多城市的人员密集的公众场所如体育馆、机场、火车站、地铁站、旅游景点，甚至中小学校都配备有 AED。

AED 使用步骤如下：

（1）打开 AED 外包装，找到开关键，按下开关。

（2）将电极片按照图示贴在胸部皮肤上。

（3）插入插头；

（4）自动分析心律，请勿触碰病人；

（5）若需要除颤，语音会提示：建议除颤，正在充电；

（6）按照语音提示进行除颤，请勿触碰病人；

（7）按除颤按钮，放电；

（8）语音提示：除颤完成；

（9）进行一次电击后，应立即继续 2 分钟 5 个循环的 CPR，直至 AED 需要再分析心律，并持续到专业救护人员到达现场。

图 4 为 AED 使用流程图：

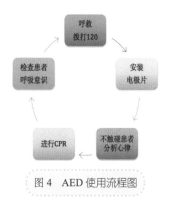

图 4　AED 使用流程图

AED 使用过程中，听从 AED 操作者的指示，在 AED 分析心律时，不能触碰被救人员身体，以免发生误分析；在 AED 除颤时，不能触碰被救人员身体，以免造成电流误击。心肺复苏时，如果有两个施救者，一人马上开始心肺复苏，另一人通过电话启动院前急救系统，并取得一个可以用的 AED。如果是单一施救者，先进行 2 分钟的心肺复苏，然后尽快启动院前急救系统，尽快拿到 AED 后返回到患儿身边，立即使用 AED，之后进行心肺复苏，直到急救人员到达现场或者患儿开始自主呼吸。

第三章

伤害现场应急处理

马涛　蒋迎佳　周美伶

第一节　创伤处理

当儿童遭遇意外伤害时，可根据不同情况先进行简单现场处理，再送医就诊或等待救援。建议在儿童居住和活动的地方提前准备好小药箱，以备不时之需。小药箱中包括：创可贴若干、消毒棉签、消毒纱布、消毒棉球、碘伏棉签、医用胶布、医用绷带、洁净的饮用水或矿泉水。冰箱中还可提前存放冰袋1～2包。

一、擦伤

（1）擦伤后无皮肤破溃：使用流动的清水将伤口处的灰尘及脏东西清洗干净，用无菌棉签或者纱布蘸干。受伤后24小时内，如果疼痛明显，可以局部冷敷缓解疼痛、减轻肿胀。

（2）擦伤后皮肤破溃，有少量渗血：清水洗净创面，棉签擦干，局部使用碘伏或其他刺激性小的消毒药品消毒，无菌纱布覆盖伤口。创面避免沾水，每天消毒并更换新的无菌纱布覆盖伤口。观察1～3天，如果创面有红肿、渗液、渗血等，要及时就医。未经医生同意，不要随意使用抗生素药膏及促进创面修复的药品。

插画设计：西北中学外国语学校　易欣蔚

（3）擦伤后皮肤破溃，出血较多：除了清洁伤口外，还需要加压止血，可使用干净的毛巾、纸巾、纱布、棉球等，止血后再进行伤口及创面消毒，无菌纱布覆盖包扎后就医。如果擦伤创面较大、较深、污染较重，必须及时到医院进行清创处理。就医前，除常规消毒外，不要随意在创面使用任何药物。

轻微擦伤处理方法

如果不小心擦伤
请及时找到可流
动水源

用无菌棉签或纱
布蘸干

用流动的清水
清洗干净

疼痛明显可以
局部冷敷

插画设计：西北中学外国语学校　徐缘

二、割伤

较表浅或出血量少的割伤，可用碘伏棉签局部消毒。观察有无持续出血，若有持续出血或出血量较大时，可用消毒纱布或干净的毛巾覆盖伤口并加压，尽快就医。

三、血肿

皮下、四肢的血肿早期冷敷可以减轻疼痛，缓解水肿，48 小时后热敷或在医生指导下使用外用药物促进血肿的吸收。如果血肿较大，直径超过 5 cm，需要及时就医。如果血肿在头部，当儿童出现恶心、呕吐、烦躁、抽搐或意识不清、耳鼻出血等情况时，要警惕颅内血肿，须立即就医。

四、出血

孩子因为磕碰发生擦伤、割伤时常常引起出血，首先家长应保持镇定，不可慌乱，同时安抚孩子的情绪，伤口处理按照先止血、后消毒、再包扎的步骤进行。

多数情况下，小的擦伤或割伤可自行止血，出血量稍大的伤口通过按压的方法多数能达到止血的目的。利用无菌纱布或干净的衣物、软布覆盖在伤口表面，用手掌按压 20 ～ 30 分钟止血。如果出血较多，渗透过第一层纱布，可覆盖第二层纱布，继续按压，不必移开第一层纱布，以免破坏血凝块，同时就医或拨打急救电话。较为表浅、出血量少的伤口，可使用碘伏进行消毒。医用酒精因会引起伤口灼痛，儿童的依从性较差，谨慎使用。消毒后的伤口可使用创可贴或医用无菌纱布进行包扎并定期更换。

当流血不止、伤口较深需要缝合、伤口有异物难以清理、伤口位于面部、被宠物咬伤或破伤风疫苗注射超过 5 年以上者需要就医或拨打急救电话。

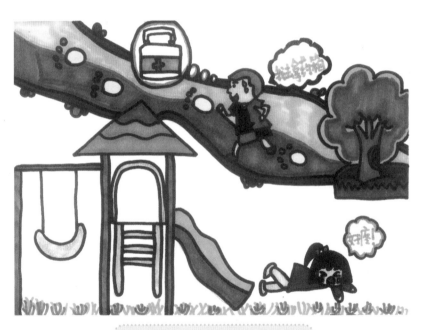

插画设计：西北中学外国语学校　倪思虹

第二节　骨折

儿童发生跌落或交通意外时，可因暴力直接作用于受伤部位造成骨折。

骨折后会出现受伤部位的疼痛，触碰或活动时疼痛加重。局部因软组织受损或出血出现肿胀、淤血。因疼痛导致相应的功能障碍、活动受限。部分骨折还可造成受伤肢体的外观畸形和活动不正常。发生骨折后，应及时就医以免骨折部位愈合畸形，影响日后功能。较严重骨折应启动应急系统，联系 120 转运，如遇特殊情况如野外地点较偏僻，120 急救车不能短时间内到达现场，进行现场处理后转运。

进行处理时，首先安抚儿童情绪，检查受伤部位，不拉拽、按压，利用现场物品固定保护，包扎止血。可用围巾、衣物悬吊上肢，使用木板、树枝、硬纸板、书本等将患肢固定保护，减少活动及二次损伤，抬高患肢，不要去揉、捏受伤部位，这样可能加重骨折。如果肿胀明显但没有明显伤口，可用冰块冷敷，减轻疼痛和肿胀。如果有明显伤口、出血较多或骨头穿透皮肤，可用消毒纱布或清洁毛巾包好保护伤口，包扎止血，尽快送医救治。搬动时注意动作轻柔，注意保暖，途中暂不要进食或饮水。如果怀疑有脊柱骨折时，切勿随意搬动患者以免造成二次损伤，应立即拨打 120，等待专业人员的救治。避免反复按压、搬动骨折部位，以免造成周围血管、神经的损伤。

插画设计：西北中学外国语学校　易欣蔚

第三节 烧烫伤

一、热灼伤

现场急救原则：迅速脱离致伤源，立即冷疗，以干净的布或床单包裹患者，并将其送到最近的医疗机构就医。一般处理程序：冲、脱、泡、盖、送。

冲：要快速脱离热源，立即用冷水冲烧（烫）伤部位。室温的冷水即可，但要注意冬天时水温不要低于8℃，容易加重损伤。注意水压不能太高。

脱：如果烫伤发生在四肢、躯干等有衣裤的部位时，不要马上脱掉衣服，以免撕去皮肤，可先冲洗冷却后，用剪刀沿烫伤部位周围剪开衣裤，轻轻脱去。

泡：脱掉衣裤后，用冷水浸泡烫伤部位，直到无痛感觉为止，再揭开粘在皮肤上的衣裤残片。浸泡时间5～20分钟，不宜超过30分钟，以免伤口浸渍。如果缺乏浸泡条件，用干净的湿毛巾覆盖在创面上，时间不超过30分钟。避免直接使用冰块或冰水冷却创面。直接使用会加剧疼痛、造成继发损伤（如冻伤）。可在冰块外面包裹干净毛巾后使用。

盖：用清洁的纱布或清洁的床单遮盖创面，不要刺破伤处的水泡。不要在伤处乱涂酱油、大酱、牙膏、外用药膏、红药水、紫药水等，应及时到医院处理。如创面无明显异物、食物污染，不建议使用皮肤消毒剂，如有污染，需在医生建议下合理使用药物。

送：如果大面积或重度烫伤，在迅速脱离热源后，可用清洁的床单包好后，轻柔地搬运病人，平稳地送到医院进一步处理治疗，或者启动应急系统进行医疗转运。

遇到火焰，常用方法如下：①尽快脱去着火外衣，特别是化纤衣服。②用水将火浇灭，或跳入附近水池、河沟内。③就地打滚压灭火焰，禁止站立或奔跑呼叫，防止头面部烧伤或吸入性损伤。

④立即离开密闭和通风不良的现场，以免发生吸入性损伤和窒息。
⑤用不易燃材料灭火。

二、化学烧伤

化学烧伤严重程度与酸碱的性质、浓度及接触时间有关，因此无论何种酸碱烧伤，均因立即用大量清洁水冲洗至少 30 分钟以上，一方面可冲淡和清除残留的酸碱，另一方面作为冷疗的一种方式，可减轻疼痛。注意用水量应足够大，迅速将残余碱从创面冲净，头面部烧伤应首先注意眼，尤其是角膜有无烧伤，并优先冲洗。

三、急救不应当做什么

在确保自身安全（关闭电源、处理化学品时戴手套等）之前，不要开始急救。

不要直接在伤口上敷贴任何材料，不要在烧伤处使用膏剂、油、姜黄素或原棉。

不要敷冰块，因为这会加剧伤害。

避免长时间在水中冷却，这可能会导致低温症。

在救援人员以及其他人能够对其使用外敷抗生素之前，不要弄破水疱。

在患者接受适当医疗之前，避免敷用任何外用药物。

插画设计：西北中学外国语学校 易欣蔚

最后强调，切勿听信民间偏方，不要在创面上使用盐水、鸡蛋、猪油、酱油、醋、米酒、大蒜、牙膏、肥皂、草药、面粉等，以免感染加重病情。

第四节　气道异物处理

一、1岁以下婴儿异物阻塞，拍背挤胸急救法

　　（1）在婴儿有意识的情况下，施救者可坐在椅子上或单腿跪地，将左前臂架在大腿上，婴儿头朝下，头低脚高趴在施救者的左前臂上，同时施救者以左手托住婴儿下颌，支撑其头部，并保持颈部平直、气道开放，切记手不能压迫颈部。（图5）

　　（2）用手掌根平稳地拍打婴儿的两肩胛骨之间，5次即可。（图6）

　　（3）背部扣击后，将右手臂放在婴儿后背，并用手托住其头部。施救者用两只手和手臂有效地夹住患儿，即用一只手支撑婴儿的头、颈、下颌及胸部；另一只手支撑婴儿的枕、颈及背部。

　　（4）转换体位时，注意支撑好患儿的头颈部，将其反转呈仰卧位，放在施救者的另一手臂上，将此前臂放于大腿上。注意婴儿的头部应始终低于躯干。

　　（5）在胸外按压相同的位置（两乳房连线正中线中点下），给婴儿做5次快速向下的胸部按压。（图7）

　　重复（1）～（5）操作步骤，直至异物排除。

图5	图6	图7
施救者托住婴儿下颌	掌根拍打婴儿肩胛骨之间	肠外按压

二、1 岁以上儿童异物阻塞，海姆立克急救法

　　（1）在儿童有意识的情况下，启动海姆立克急救法。施救者站在儿童背后，脚呈弓箭步，前脚置于儿童双脚间，手臂直接从患儿腋下环抱其躯干。（图8）

图8　环抱儿童

　　（2）一手握拳，将拳头的大拇指侧对准患儿腹部中线处，正好在剑突尖端之下和脐部的稍上方。（图9）

图9　按压位置

　　（3）用另一手握在此拳头外，尽力做一系列快速向内上方的推压，不要触到剑突或肋下缘，因为推力作用于这些结构会导致内脏器官损伤。（图10）

　　（4）为解除梗阻，每一次推压动作都应该是单独、明显的。持续推压直至异物排除。

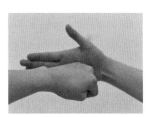

图10　双手姿势

第五节　猫犬抓咬伤处理

近年来，随着家庭饲养猫狗等宠物的增加，儿童被猫狗抓咬伤的情况明显增加。犬、猫是引起狂犬病的高风险动物。被猫狗抓咬后首先应评估伤口等级，根据伤口等级采取相应处理措施。

一、伤口分级

Ⅰ级伤口：接触或喂养猫狗；完整皮肤被舔舐；完好的皮肤接触狂犬病动物或者人狂犬病病例的分泌物或排泄物。

Ⅱ级伤口：裸露的皮肤被轻咬；无出血的轻微抓伤或擦伤。

Ⅲ级伤口：单处或多处贯穿皮肤的咬伤或抓伤；破损的皮肤被舔舐；开放性伤口或黏膜被唾液污染。

如果不能明确分辨伤口等级，可在被咬伤时立即用酒精擦拭伤口，无疼痛属于Ⅰ级，有疼痛属于Ⅱ级。如果伤口无出血、少量渗血及挤压后渗血属于Ⅱ级，明显出血或皮肤全层破裂属于Ⅲ级。

二、伤口处理

确定为Ⅰ级伤口，无须处理；Ⅱ级伤口需要立即进行伤口冲洗，并接种狂犬疫苗；Ⅲ级伤口需要尽快进行伤口冲洗、接种狂犬疫苗，并使用被动免疫制剂。

1. 伤口冲洗

用肥皂水（或其他弱碱性清洗剂）和一定压力的流动清水交替清洗咬伤或抓伤的每处伤口至少15分钟。最后用生理盐水冲洗伤口，避免肥皂液或其他清洗剂残留。

2. 消毒处理

彻底冲洗后用酒精或稀碘伏（0.025% ～ 0.05%）、苯扎氯铵（0.005% ～ 0.01%）或其他具有病毒灭活效力的皮肤黏膜消毒剂涂擦或消毒伤口内部。

3. 外科处置

因致伤动物种类、致伤部位、伤口类型、伤者基础健康状况等诸多因素不同，经过伤口冲洗和消毒处理后，需进行后续外科处理，家长应立即带儿童前往医院就医。

三、疫苗接种与使用被动免疫制剂

1. 狂犬疫苗接种程序（图11）

图11　疫苗接种程序

2. 注意事项

（1）延迟接种。

被猫狗抓咬后，快速产生抗体非常重要，所以建议尽可能按照规定时间进行接种，前3针尤为重要，不要推迟。如未能按照规定时间接种，出现某一针次延迟，则后续针次接种时间按原免疫程序的时间间隔相应顺延，无须重启接种程序。为保证免疫效果并降低风险，不建议提前接种。

（2）疫苗更换。

建议在一个流程中尽量使用同一品牌狂犬病疫苗，但无法实现时使用不同品牌的疫苗也能达到免疫效果。

（3）出现过敏或不良反应。

疫苗属于药品，不能完全避免使用中不出现过敏或其他不良反应，若出现发热等过敏反应需由专业人员再次评估暴露风险，并进行后续处理。

3.使用被动免疫制剂

被动免疫制剂是外源的狂犬病病毒抗体，通过局部使用，形成高浓度的抗体环境，中和伤口，冲洗清创后残留在伤口内的病毒，从而最大限度地降低发病率及延长潜伏期，为疫苗注射后产生抗体争取宝贵的时间。主要应用于首次抓咬后的Ⅱ级伤口患者和患有严重免疫缺陷及长期大量使用免疫抑制剂的Ⅱ级伤口患者。

四、破伤风的预防

哺乳动物咬伤属于破伤风感染高风险，均须要对破伤风进行预防。5年以内，曾经接种过至少3针含破伤风类毒素疫苗（如第0、1、7个月各注射1针破伤风疫苗）者，无须任何额外的预防；5年以上或接种史不清、接种破伤风疫苗低于3针者，须就医遵循医生指导。

五、避免狗咬

在对学龄儿童进行狗咬伤害健康教育的同时，对养狗者或者儿童父母也应进行相关的教育。

　　了解狗的特征：嗅是狗的一种交流方式；狗喜欢追逐运动的物体；狗比人类跑得快；尖叫可能激起狗的掠食行为；狗可能将婴儿看作是家庭的入侵者或者附属物，特别是狗已经将家庭看作一个整体后出生的婴儿；直接对视可能被狗认为是种挑衅；狗通常攻击的部位是四肢、头和颈部；躺在地面上可能会招致狗的攻击；正在打架的狗会攻击任何靠近的物体。

　　在抚摸狗前，先让它嗅嗅你；不要从狗身边跑过；不要试图用跑来摆脱狗；在狗接近时保持冷静；对于婴儿或低年龄儿童，最好不要拥抱或亲吻狗；避免与狗对视；如果被狗攻击，最好原地双脚并拢

插画设计：西北中学外国语学校　滕芯瑜

站立，用手臂保护好脸部和颈部；如果是躺着时被攻击的，马上站起来，用手护住耳朵并使脸部朝下，别动；不要试图阻止两条正在相互撕咬的狗。

插画设计：西北中学外国语学校　易欣蔚

第六节　蜂蜇伤

蜂蜇伤多发于夏季，常见表现为叮咬局部红肿、疼痛、瘙痒，严重的可出现局部硬化、坏死。部分伤者被叮咬后会出现过敏反应，如荨麻疹、血管神经性水肿、呼吸困难或哮喘，严重者出现过敏性休克。另外，蜂蜇伤还可引起肝、肾、肌肉、神经毒性及溶血，出现多脏器功能损害。我国常见由蜜蜂或马蜂造成的蜂蜇伤（见图 12 和图 13）。

图 12　蜜蜂

图 13　马蜂

左图为蜜蜂，体型上偏短圆，全身有黄褐色或黑褐色的绒毛，腰部不明显，毒液呈弱酸性，毒性较小。右图为马蜂，体型偏细长，体色多为黑、黄、棕色相间或为单一色，腰部相对较明显，毒液呈弱碱性，毒性较大。

蜂蜇伤首先要拔出毒刺，与皮肤接触时间越长越危险。可用针挑拔出或用胶布粘贴拔出，严禁挤压。蜜蜂蜇伤可用肥皂水等弱碱性液体冲洗，马蜂蜇伤可用食醋等弱酸性液体冲洗。24 ～ 48 小时内可局部冰敷，缓解肿痛。如出现眼睑、口唇明显肿胀或恶心、呕吐、腹痛、声音嘶哑、呼吸困难、心慌、尿少、尿呈酱油色或洗肉水样颜色等，应即刻就医。

插画设计：西北中学
外国语学校　王彦镇

第七节　中毒

儿童中毒时，现场处置原则：①远离毒物及环境；②评估致毒物类型、剂量、中毒时间及目前呼吸、气道循环、意识状况，稳定中毒儿童；③清洗，限制已摄入毒物的吸收。经现场紧急处理后立即送医救治。

1. 脱离中毒环境

当毒物为有害气体时，在保证施救者安全的情况下，立即将中毒者移出有毒场所，保证其呼吸新鲜空气。

2. 评估

将中毒者的呕吐物、排泄物、衣物、饰品等分别放入干净的袋子里，以便进行毒物检测。评估中毒物可能摄入的量及中毒的时间。如中毒儿童已出现呼吸、心跳停止，应立即实施心肺复苏，并拨打120。

3. 清洗

为避免进一步接触毒物，现场急救时需将中毒者带离中毒场所、环境，脱去被毒物污染的衣物、饰品等，并用肥皂或清水冲洗头发和皮肤，但当毒物为强酸或强碱时，可能因化学反应加重损伤，此时应避免使用肥皂或清水冲洗。如有毒物溅入眼内，可用清水冲洗 5 ～ 10 分钟。

4. 促进胃排空

催吐、洗胃可以促进胃排空，但因呕吐物可能导致误吸引起窒息，故 6 个月以下的婴儿不建议使用。催吐时可喝适量温水，用筷子、匙柄刺激咽喉部，引起呕吐。反复数次，直至呕吐液清亮。催吐过程中切勿暴力操作，以免造成二次损伤，同时要注意切勿误吸呕吐物，引起窒息。

注意：

有以下情况时**禁止催吐**：

（1）强酸、强碱等腐蚀性物质中毒；

（2）汽油、煤油及油脂类毒物中毒；

（3）麻醉、镇静类药物中毒；

（4）樟脑、士的宁等易致惊厥类药物中毒；

（5）6 个月以下儿童；

（6）有严重心血管疾病儿童；

（7）已出现昏迷、惊厥或没有呕吐反射时。

有以上情况时，儿童应立即送医救治。

目前没有足够的证据支持导泻法可减少毒物胃肠道的吸收，并且会出现脱水和电解质紊乱的并发症；灌肠、透析、使用解毒剂等方法需要在医疗机构由专业人员评估后使用。

第八节　电击

发生触电后，救助者应该按照"迅速、就地、准确"原则积极施救。使触电人尽快脱离电源，是救治触电人的第一步，也是最重要的一步。

如果是低压电源触电，应实施"五字"脱离电源法：

拉：立即拉下附近的电源开关或者拔掉电源插头；

断：迅速用绝缘完好的钢丝钳或者断线钳剪断电线；

挑：急救人员可用替代的绝缘工具（如干燥的木棒等）将电线挑开；

拽：急救人员可戴上手套或手上包缠干燥的衣服等绝缘物品拖拽触电者，或用一只手将触电者拖拽开，切不可触及其肉体；

垫：如触电者紧握导线，可设法用干木板塞到触电者身下，与地面隔绝。

如果脱离电源，环境安全，应尽快拨打急救电话并评估触电儿童情况，如果没有呼吸或心跳，应立即进行心肺复苏，直至急救人员抵达现场。

插画设计：西北中学
外国语学校　王彦镔

179

第三篇
儿童伤害法律

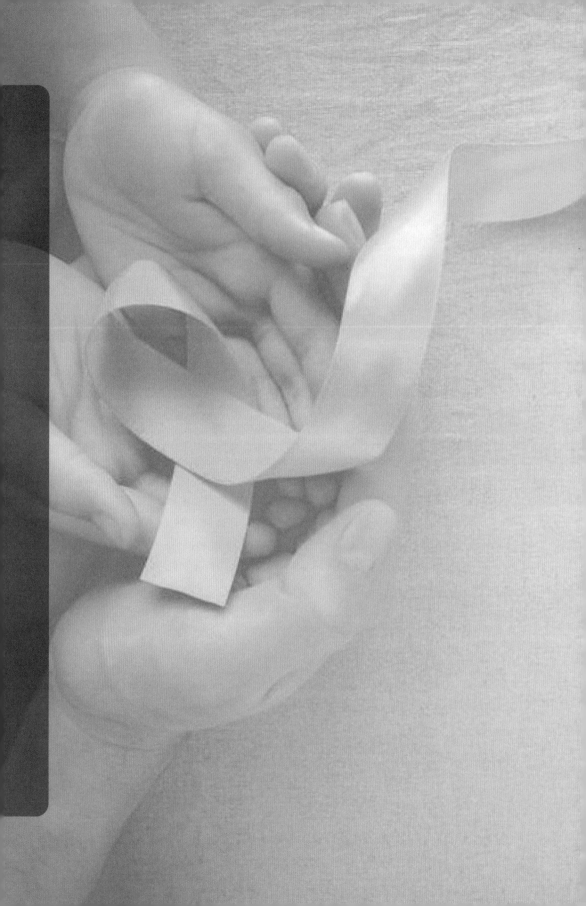

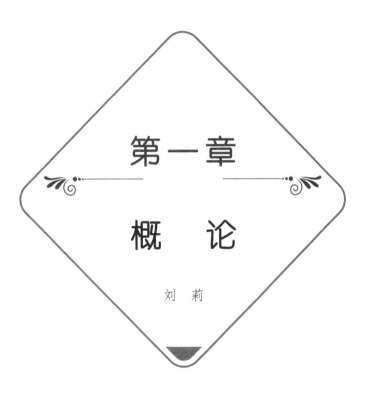

第一章

概　论

刘　莉

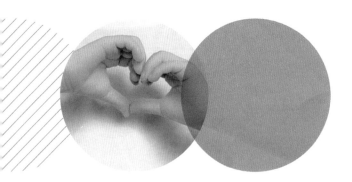

　　儿童生活在由成年人规划并与之共同生活的城市或农村环境中，各种意外伤害风险时刻伴随着儿童的成长过程。儿童是最脆弱、最容易受到伤害的群体，当他们遭受伤害时，不仅会给国家、社会、家庭带来损失和负担，也会给儿童自身留下持久，甚至是终身的心理阴影。

　　联合国《儿童权利公约》将18岁以下的未成年人都定义为儿童。我国加入联合国儿童公约，意味着国家把儿童的权益提升到了和国际接轨的层面。为了能将儿童安全保护工作落到实处，国家不仅出台了多部法律法规，2021年还颁布了《关于推进儿童友好城市建设的指导意见》等具有实操性的规章，把"儿童友好"这个观念深入到城市建设的每个角落，为儿童成长发展提供适宜的条件、环境和服务，切实保障儿童的各项权益，包括保护儿童的生命健康权。

　　哈顿矩阵表明伤害成因的多元性，单一预防策略往往收效不大，需要结合不同维度、不同方式的综合干预策略。其中在一级预防中，起到至关重要的是通过立法，制定强制性的保护条款，促进相关政策的落地实施，从而避免或减少儿童伤害的发生。法律法规就像大雨中给孩子撑起的伞，护护儿童成长。

我国儿童保护的相关立法有多少呢？从比较熟悉的《未成年人保护法》，到可能比较陌生的《学生伤害事故处理办法》《家庭教育促进法》，我国的第一部法典《民法典》，以及各个级别的各个部门制定的法规、规章，等等，数量庞大，内容丰富。儿童保护的基本原则是"特殊"和"优先"。"特殊"意味着除了给予普通人常规的谨慎合理的保护措施外，还应当根据儿童的特点采取更有效、更具体、更有针对性的保护方案。如在交通安全中对儿童的保护就不仅仅是常规的安全带，而是应该使用安全座椅。"优先"是指对儿童的保护应优于其他人群，我国法律明确规定，在公共场所发生突发事件时，应当优先救助儿童。

衷心希望这本手册能够帮助家长、老师、看护者、医护人员以及和儿童产生交集的各行业人员了解儿童意外伤害防治的一些基本规定，树立牢固的法律意识，防患于未然，为保护孩子，共同建立起一道坚固的防线！

第二章

儿童安全责任的主体

刘 莉

"幼吾幼，以及人之幼"，防治儿童意外伤害，人人有责，全社会都是儿童安全责任的主体。

儿童安全责任的主体，在家靠父母，在校靠老师，在家庭和学校之外就是全社会。这个全社会包括了人民政府、司法机关以及各类实体生产者、经营者。由于儿童活动的轨迹不可能局限在某一个环境中，儿童安全是多方共同努力的结果，因此这个责任主体可谓"你中有我，我中有你"。

第一节　父母——家庭保护的主体

一、父母是否履行了监护责任

案例一：

妈妈忙着做饭，将一大锅刚熬好的鸡汤放在孩子的活动区域。不满 2 岁的小女孩一不小心一屁股坐到了锅里，致使整个后背和臀部重度烫伤。

案例二：

一糊涂男子在送 4 岁女儿去幼儿园途中，接了一个电话后把孩子遗忘在车中，孩子高温曝晒 9 小时后死亡。

家庭是儿童生活的主要场所，父母是儿童的法定监护人。"监护"就是监督和保护，大多数父母不了解监护人监护职责的具体内容。在缺乏基本培训的情况下就直接"上岗"成为父母，在养育孩子的过程中对危险没有足够的认识，导致儿童发生种种意外伤害的惨剧。

二、法定监护人的身份并不因为请了他人帮助照看孩子就发生转移

案例：

小玲的父母因为要外出打工，请小玲的外公外婆帮忙照看小玲。小玲和邻居家的孩子在游戏中发生打斗，小玲将邻居的孩子推进小河沟里导致其溺亡，从而引发纠纷。

现实生活中，不乏年轻的父母由于工作繁忙，把照护儿童的工作交给自己的亲戚代为进行。尤其在农村，存在少量父母无法照看的留守儿童。这并不意味着监护职责的转移，亲戚帮忙照护只是和儿童的父母建立了委托关系，但监护的职责仍然属于父母。

法定监护人和受委托去照顾儿童的人不是一码事。孩子委托给他人帮助照看，无论照看人是亲戚还是朋友，无论孩子是否与父母生活在一起，父母作为儿童法定监护人的身份不会发生改变。

上述案例中，并不因为父母请了老人照看孩子就免除了父母作为监护人的责任。孩子的保护、教育职责仍然属于父母，一旦出现了不良后果，仍然由父母来承担责任。

三、父母可以委托任何人照护孩子吗

我国法律对于委托他人以及对受托人的条件均作出了明确规定。《未成年人保护法》就规定，"未成年人的父母或者其他监护人因外出务工等原因在一定期限内不能完全履行监护职责的，应当委托具有照护能力的完全民事行为能力人代为照护；无正当理由的，不得委托他人代为照护"。在被委托人的选择上，要求"应当综合考虑其道德品质、家庭状况、身心健康状况、与未成年人生活情感上的联系等情况，并听取有表达意愿能力的未成年人的意见"等。《家庭教育促进法》中还针对上述原则作出了更加具体的规定，要求"未成年人的父母或者其他监护人依法委托他人代为照护未成年人的，应当与被委托人、未成年人保持联系，定期了解未成年人学习、生活情况和心理状况，与被委托人共同履行家庭教育责任"。

法律专门为委托他人照护孩子设置了禁止的情况。对于有违法犯罪行为，有吸毒、酗酒、赌博等恶习，既往曾拒不履行或者长期怠于履行监护、照护职责的人不能成为被委托人。

四、哪些情况下才会由父母以外的其他人作为孩子的监护人

法律规定，如果儿童的父母已经死亡或者没有监护能力的，但有法律赋予其他具有监护职责的人也可以作为儿童的监护人。这里的"其他人"按照顺序依次为儿童的祖父母、外祖父母、兄姐等，经未成年人住所地的居民委员会、村民委员会或者民政部门同意的行为人。其他愿意担任监护人的个人也可以成为监护人。

父母将监护人身份转移给其他人的条件是比较严格的。死亡不难理解，那么什么叫作没有监护能力呢？比如父母由于身体患有疾病，自身都缺乏生活自理能力，甚至因为疾病丧失了民事行为能力（比如昏迷或植物人状态），这种情况显然无法再对孩子履行监护职责。还有一种情况就是人身自由受到限制（比如判刑羁押等）。

需要注意的是监护人自身经济条件差不能成为免除其监护职责的条件。有些父母以没有经济条件为由，对儿童疏于监护，这便构成了违法。

第二节　学校管理者
——教育场所保护的主体

学校是儿童除了家庭以外与之发生关系最密切的场所。全日制中小学儿童在学校的时间甚至超过在家庭的时间。因此，如何预防儿童在学校受到伤害，学校如何履行安全监管职责，避免管理风险，需要学校管理者高度重视。

一、学校是在校儿童的监护人吗

有些人认为"孩子到了学校，学校就是监护人，应当对儿童安全承担监护人的职责"。这种说法是错误的。

送到学校的儿童，家庭和学校具有不同的身份和职责。法律规定，儿童的父母是法定监护人，履行法定监护职责；而学校是对未成年人履行教育的场所，履行安全管理和保护职责。教育部颁布的《学生伤害事故处理办法》明确规定，"学校对未成年学生不承担监护职责，但法律有规定的或者学校依法接受委托承担相应监护职责的情形除外""未成年学生的父母或者其他监护人（以下称为监护人）应当依法履行监护职责，配合学校对学生进行安全教育、管理和保护工作"。

因此在普遍情况下，学校不具备监护人身份。家庭教育对未成年人非常重要，如果儿童在学校发生了意外伤害事件，存在法律规定的相关情形的，监护人同样也要承担教育失职的责任，对损害后果要进行一定比例的承担。比如，儿童在其认知范围内违规、不听学校的告诫、拒不纠正、不告知身体真实情况、监护人获得学校通知后殆于履行监护职责等，监护人都要承担相应责任。

二、学校安全责任范围不仅仅限于学校的围墙内

学校组织的在校外开展的各项活动，包括学校和第三方机构联合举办的一些校外活动，不管学校是具体的组织管理者，还是学校将活动的具体工作交给了第三方，学校仍然是学生安全的责任人。一旦发生意外伤害事件，学校首先要对事件负责，然后有权向合作的第三方进行责任追偿。

在校外活动中，学生因校外机构提供的场地、设备、交通工具、食品等受到伤害，有过错的经营者应当依法承担相应的责任，但学校并不会因此免除自身的责任。学校应该证明自己在整个活

动管理过程中，尽到了必要的义务，对活动方案、对方的合作义务、安全责任的保障等进行了严格审查，与合作方进行了充分沟通等。

第三节　企业——儿童安全社区责任的主体

案例：

一个 12 岁的孩子在家长和老师都不知情的情况下自行向商家购买了一支激光笔，在和同学嬉闹的时候用笔直射了同学的眼睛，导致被照射的孩子左眼失明。受伤害儿童的家长找到肇事孩子的家长索赔，要求赔偿各项费用一百余万元。双方协商无果，诉讼到法院。诉讼中肇事孩子的家长申请追加销售激光笔的商家作为共同被告。法院认为该商家将可能存在人身伤害的商品销售给了未成年人，且未向孩子父母进行必要的安全提醒，存在一定过错，最终判决该商家承担 30% 的责任。

看似与商家毫无关联的一起伤害事件竟会让商家坐上被告席！

激光笔一般用于教学、导游、野外旅行、建筑工地、消防救灾等场所。激光笔若使用不当危害很大。比如直射眼睛，可能会造成暂时性或者永久性视力损伤甚至失明，如果照射某可燃物时间过长，也易引发火灾。案例中肇事孩子的家长表示自己很无辜。因为自己并不知道孩子买了激光笔，甚至家长自己都没有接触过激光笔，也根本不知道激光笔的危害，也无从对孩子进行这方面安全知识的教育。作为销售该产品的商家，应该知道不当使用激光笔存在的危害，在销售时应尽到足够的提醒义务，提醒儿童正确的使用方法，或者更谨慎的做法是联系儿童的父母，或者不出售给儿童。

儿童缺乏对自身的保护，在家长和老师的保护能力之外还需要儿童社区构建参与者的充分重视。切不可因为一点销售利益，失去警惕，疏于对儿童的安全保护，为悲剧的发生留下隐患。企业是否具有社会责任感，往往可以从它对儿童保护的态度上看出来。全国消协组织每年发布的《受理投诉情况分析》，都会提到大量的涉及儿童玩具投诉的案件，其中不乏因玩具质量危及儿童健康和生命安全的案件。有不少父母会因为缺乏常识或贪图便宜购买伪劣产品，在商品信息严重不对称的情况下，生产厂家和销售者应当承担相应的责任。

第四节　政府、司法机构
——管理监督儿童安全的责任主体

无论是父母、学校还是企业，对于儿童保护可能是自觉或者不自觉的，要让这些和儿童保护息息相关的主体从不自觉变成自觉，让儿童安全得到最大限度的保护，需要政府各部门的引导、监督和管理。《家庭教育促进法》等法律法规也明确规定了"国家和社会为家庭教育提供指导、支持和服务"。

《家庭教育促进法》第三十四条规定"人民法院在审理离婚案件时，应当对有未成年子女的夫妻双方提供家庭教育指导"。政府是儿童父母的"父母"，是儿童老师的"老师"。当父母、学校在儿童安全保护工作中遇到困难的时候找政府，政府是家庭教育、学校管理的坚强后盾。

第三章

儿童保护主体
的职责

刘 莉

第一节 父母的法定职责

一、念好父母职责"三字经"

"防伤害"是目的

具体要求：父母要保障儿童的人身安全不遭受环境、不当行为或第三人侵权造成的伤害。比如在要求监护人有义务提供安全的家庭环境方面，规定只要是儿童可能活动的区域都应该小心谨慎地排除所有可能导致儿童受到伤害的危险，以免造成无法挽回的后果。这就要求家长们关注居家安全，识别和梳理伤害隐患，及时整改。

"强保障"是措施

具体要求：为未成年人提供生活、健康、安全等方面的保障。法律规定监护人应做到"及时排除引发触电、烫伤、跌落等伤害的安全隐患；采取配备儿童安全座椅、教育未成年人遵守交通规则等措施，防止未成年人受到交通事故的伤害；提高户外安全保护意识，避免未成年人发生溺水、动物伤害等事故"。

"重教育"是手段

"子不教，父之过"，父母作为共同的主体对孩子承担监护教育的职责，包括安全教育。

《家庭教育促进法》规定，"父母或者其他监护人应当树立家庭是第一个课堂、家长是第一任老师的责任意识，承担对未成年人实施家庭教育的主体责任"。同时还规定，"在教育的内容中应关注未成年人心理健康，教导其珍爱生命，对其进行交通出行、健康上网和防欺凌、防溺水、防诈骗、防拐卖、防性侵等方面的安全知识教育，帮助其掌握安全知识和技能，增强其自我保护的意识和能力"。

对照上面的三字经，父母可以反思一下自己是否合格。

二、阻止交通意外的杀手，你准备好了吗

案例：

父亲带着 13 岁儿子开车外出。儿子在车辆行进过程中将身体伸出天窗外，当车辆通过道路限高横杠时，男孩头部与限高横杠相撞，当场死亡。

案例中的父亲无视交通安全，对孩子的高危动作毫无风险意识，最终酿成悲剧。其行为，不仅违反了《道路交通安全法》，同时也严重违反了《未成年人保护法》中儿童乘车安全的相关规定。

《未成年人保护法》中明确规定：强制性要求儿童使用安全座椅。这是国家法律层面首次对安全座椅作出具体规定。正在修订的《道路交通安全法》也在修订建议稿中增加了儿童乘车安全的内容，对禁止儿童乘坐副驾驶和强制使用儿童安全座椅等约束做出了更具体的规定，并制定了相应的惩罚规则。如对于应当乘坐安全座椅的对象采用了 140 厘米的身高标准，相较于之前地方立法的年龄标准更科学、更便于操作。

三、让孩子"小鬼当家"已属于犯法

案例：

一位母亲因为临时需要去附近超市买东西，她认为最多十分钟就能回来，于是将 6 岁的儿子反锁在家。结果孩子独自爬上了没安装防护栏的阳台坠下楼，当场死亡。

目前我国《未成年人保护法》已经和国际接轨，在儿童保护问题上作出了"无人看护禁止"规定。即儿童的父母或者其他监护人不得使未满八周岁或者由于身体、心理原因需要特别照顾的未成年人处于无人看护状态，或者将其交由无民事行为能力、限制民事行为能力、患有严重传染性疾病或者其他不适宜的人员临时看护。

第二节　学校的法定职责

一、学校职责"三字经"

笔者根据《未成年人保护法》和《学生伤害事故处理办法》等相关规定，总结了关于学校的三字经："建制度、重教育、抓硬件、强措施"。

制度建立得怎么样，显示出学校管理者的意识和态度；教育工作是否深入，是学生能否重视安全的基础；硬件设施质量是否可靠，决定了一旦发生安全事件是"天灾"还是"人祸"；措施是否到位，是对于防不胜防但必须要防的意外伤害事件的警戒线。这十二个字看起来并不难实现，但在实施过程中要做到万无一失就非常考验学校管理工作的细致程度了，需要管理者具备哈顿伤害理念，对可能发生伤害的各个环节进行梳理，并做好相应防治对策。

二、学校建立学生伤害防治的"安全网"

为最大限度保障校园安全，尽量避免伤害事件的发生，法律对此作出了具体而严格的规定。管理者必须建立一张密不透风的"安全网"，让儿童远离危险。我们来看看法律要求的这张网要织得多么严密吧！

案例:

2022 年 1 月 3 日,贵州省凯里市凯里学院附中发生教学楼顶的矮墙塌落事故,导致两名学生死亡,三名学生受伤。塌落楼房为老旧楼房。

法律规定学校应当提供符合安全标准的校舍、场地、其他教育教学设施和生活设施。根据我国建设工程消防设计的相关管理规定,中小学的建筑工程总建筑面积大于一千平方米则属于特殊建筑工程,其安全管理更为严格。学校必须在基础设施方面达到国家制定的安全标准,从而减少安全事故的发生。如果学校管理者疏于安全管理,根据《刑法》规定,可能会被追究教育设施重大安全事故罪的刑事责任。

网格之二

校车安全管理

案例:

2020 年 10 月 28 日,河南省禹州市一辆幼儿园"校车"与大货车相撞,造成 1 名教师、3 名幼儿死亡,9 人受伤。据调查,该车辆并不符合校车使用的相关规定。

校车一旦发生交通事故，往往后果严重，甚至出现群死群伤重大安全事件。国务院于 2012 年颁布了《校车安全管理条例》，对校车使用应当获得的许可、校车应当使用的标志、人员配备、车辆管控、安全教育等方面均作出了具体规定。法律要求使用校车的中小学校、幼儿园应当建立健全校车安全管理制度，配备安全管理人员，定期对校车进行安全检查，对校车驾驶人进行安全教育培训，并向未成年人讲解校车安全乘坐知识，培养未成年人校车安全事故应急处理技能。

网格之三
校外活动安全管理

案例：

某学校组织绘画社团几名有美术特长的学生利用课余时间外出写生，老师将学生带到指定地点就离开去办理其他事情。学生在写生过程中下河去玩，结果溺亡，学生家长认为学校没有尽到管理职责，要求学校承担赔偿责任。

学校的校外活动包括集体外出旅游、夏（冬）令营、带领学生参加各种竞赛活动等，在这些活动中学校需要有足够的安全意识，确保儿童免受伤害。学校组织校外活动，在活动前应该向孩子们进行安全教育，讲清需要注意安全的重要环节以及注意事项，在条件允许的情况下最好能够让监护人一起参加。有些学校为了免责，会让儿童监护人书写一份《安全责任承担承诺书》。这样的承诺书是否有法律效力呢？我们认为，即使有这么一份承诺书，但如果学校没有尽到应有的谨慎保护义务，仍然不能完全免责。

网格之四
食品安全管理

案例：

2021年9月17日，安徽省濉溪县一所学校发生了一起学生集体性食物中毒事件。不少学生在吃完晚餐后陆续出现了不同程度的呕吐以及其他不良反应。据调查是学校提供的过期霉变的食品所致。学校的3名涉事人员被依法拘留。

学校管理者要注意，无论是自营食堂还是将食堂对外承包，食品安全都是重中之重。食堂的餐食如果不能满足儿童生长发育的基本营养所需，甚至出现清洁卫生不合格、食品中毒等恶性事件，学校的管理者就需要承担严格的法律责任，即使是采取了对外承包经营的食堂，学校管理者也需要承担监管失职的责任。

案例:

　　某县一中学生王某参加学校体育活动时突然感到身体不适,随即晕倒在地。现场几名老师分别到其倒地处查看情况,并及时联系王某家长。等待家长期间,现场老师多次采取"掐人中"等简单措施但未见效。约一个多小时后,王某家长到校,与学校共同将王某送往医院救治。王某经医院抢救无效死亡。王某家长及其亲属到学校索要巨额赔偿。经医院查询王某此前病历并结合诊断表明,王某患有先天性心脏病,属于医学上典型的运动猝死,但王某家长并未向学校告知王某的疾病情况。学校认为王某死亡并非学校管理原因,拒绝家长提出的索赔方案。双方诉讼到法院。法院经审理认为:王某死亡的首要原因是其自身疾病所致,但该中学在履行教育、管理职责过程中具有一定的过失,判决该中学承担抢救费用及死亡产生的死亡赔偿金等合理损失的30%。

　　案例中,学校在不知道学生存在重大原发疾病的情况下却仍然被判决赔偿,感到很冤枉。那么学校在管理中到底存在什么过失呢?在进行运动之前,老师是否对学生的身体状态先行询问和进行了必要的疾病排查(比如孩子在运动之前有没有感觉不适)?是否对监护人进行了意外情况免责告知(这种告知最好是书面并能获得监护人签字)?在发生意外情况后,处置措施是否及时规范(比如是否及时拨打了120)。上面的案例资料虽然不能完全呈现学校的询问制度和通告制度建立情况,但学校只通知了家长而没有拨打急救电话存在明显处置不当的过失。根据法律规定，如果学校违反有关规定，组织或者安排未成年学生从事不宜未成年人参加的劳动、体育运动或者其他活动；或学生有特异体质或者特定疾病，不宜参加某种教育教学活动，学校知道或者应当知道，但未予以必要的注意而导致不良后果发生的，学校将承担较重的法律责任。

除了上述这些管理要求，学校还应该在伤害事件预防管理（包括对学生的伤害事件教育和演练）、危机应急管理、教职人员身体健康管理、教育手段、方式或安全管理措施、家校联合信息通告管理以及儿童之间的安全管理等方面加强自己应履行的管理义务。最大限度地减少学生伤害的发生以及在万一发生时将伤害的程度减小到最低。

第三节　社会经营组织机构的职责

案例：

张某某（12岁）与其母亲欲共同前往某影城看电影，在乘坐自动扶梯时，张某某将头探出扶梯外张望，其头部被扶梯与楼板的夹角夹伤。张某某家人遂向法院提起诉讼，要求影城赔偿医药费、交通费、误工费、营养费、鉴定费、精神抚慰金等共计3万余元。

法院审理认为，自动扶梯检验合格且设置提示牌不能成为免责事由，涉案提示牌仅有警示提醒作用，不具备行业规范所要求的防碰功能。从防范成本而言，提早对提示牌予以改进增强其防碰功能，支出成本微乎其微。被告亦在事发后主动更换全部自动扶梯的提示牌，增强了防碰功能。尽管被告在每个楼层都安装有摄像头并配备保安进行巡岗，但对于原告探头向扶梯外张望的危险举动，保安及相关人员均未及时发现并制止，存在安全管理不到位。原告母亲作为法定监护人，未能尽到充分监护职责，对损害发生负有不可推卸的责任。综合原被告双方的过错程度后，法院依法判决：被告上海某有限公司对张某某受到的伤害承担 40% 的赔偿责任。

案例充分说明社会各个行业应当将对儿童的保护提到较高的地位。《未成年人保护法》等相关法律法规对儿童伤害防治的社会职责规定得相当具体，比如儿童集中活动的公共场所应当符合国家或者行业安全标准，并采取相应的安全保护措施。对可能存在安全风险的设施，应当定期进行维护，在显著位置设置安全警示标志并标明适龄范围和注意事项；必要时应当安排专人看管。对于儿童容易走失的场所，比如大型商场、超市、医院、图书馆、博物馆、科技馆、游乐场、车站、码头、机场、旅游景区景点等场所，运营单位应当设置搜寻走失未成年人的安全警报系统。场所运营单位接到求助后，应当立即启动安全警报系统，组织人员进行搜寻并向公安机关报告。

我国的法律法规同时还制定了公共场所各项具体标准。比如明确指出，大型商场应当在自动扶梯处设置兼具警示及防碰功能的挡板，应当充分注意未成年人的危险举动，并予以及时劝阻防范，以有效避免此类未成年人伤害事件的发生。

保护的环节不仅包括环境安全，还包括了生产、销售用于儿童的食品、药品、玩具、用具和游戏游艺设备、游乐设施等，此类设备设施应当符合国家或者行业标准，不得危害未成年人的人身安全和身心健康。法律法规甚至还专门要求生产者应当在显著位置标明注意事项，未标明注意事项的不得销售。

第四节　关于政府及相关机关、部门的职责

《未成年人保护法》等法律法规还分别对人民政府、公安、民政等相关部门在儿童保护中的职责作出了规定。

地方人民政府及其有关部门应当保障校园安全，监督、指导学校、幼儿园等单位落实校园安全责任，建立突发事件的报告、处置和协调机制。

公安机关和其他有关部门应当依法维护校园周边的治安和交通秩序，增设监控设备和交通安全设施，预防和制止侵害未成年人的违法犯罪行为。

2020 年，最高人民检察院联合其他九个部委发布了《关于建立侵害未成年人案件强制报告制度的意见（试行）》的通知，对未成年人进行了全方位保护，并且要求所有公民、组织、机构发现任何涉嫌未成年人受到侵害的情形都必须报告，否则将承担相应的法律责任。对拒绝履行未成年人监护职责的个人，除了对其进行训诫以外，还可以由相关机构或组织向人民法院申请人身安全保护令。

民政部门的职责主要体现在对特殊情形下的儿童进行临时监护方面，监护的儿童包括流浪乞讨或者身份不明者，监护人下落不明且无其他人可以担任监护人；监护人有客观原因不能履行监护职责；监护人存在各种违法行为如拒绝或者怠于履行监护职责，教唆、利用未成年人实施违法犯罪行为；未成年人遭受监护人严重伤害或者面临人身安全威胁，需要被紧急安置等情形。

《未成年人保护法》还规定了政府或民政部门可以采取临时监护和长期监护的具体措施，临时监护包括委托亲属抚养、家庭寄养，或交由未成年人救助保护机构或者儿童福利机构收留、抚养。

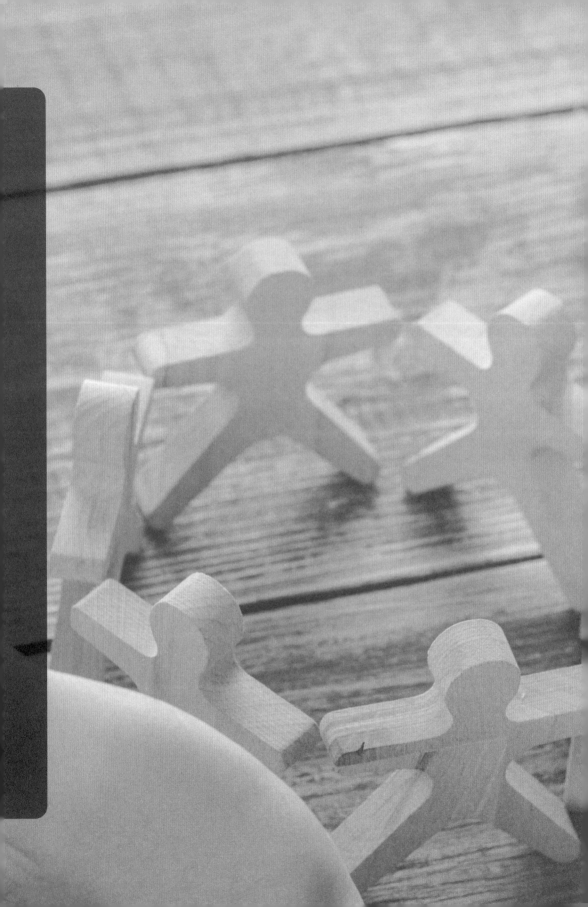

第四章

意外伤害的法律责任

刘 莉

第一节　父母的法律责任

《未成年人保护法》《家庭教育促进法》《民法典》等法律法规都对监护人对儿童未能尽到足够的保护义务承担的法律责任作出了明确的规定。父母不仅可能面临训诫、限制或被剥夺监护权等处罚，在某些情况下还有可能涉嫌故意或过失伤害被治安拘留，甚至承担刑事责任。

一、孩子受到意外伤害是家里私事？

案例：

父亲为了逗2岁女儿开心，玩起了将她抛起来再接住的游戏。可没想道，当孩子第三次被抛起后，他却没能接住。最终悲剧发生了，女儿摔在了地上，伤重不治而亡。孩子的父亲因为过失伤害被定罪量刑，承担刑事责任。

案例充分说明，把孩子的意外伤害当成家务事的观念是错误的。父母是孩子的监护人，但孩子不是父母的私有财产，孩子受到国家和社会的保护。如果因为父母疏于对孩子的保护导致孩子受到伤害，父母是要承担法律责任的。

二、一切以教育为目的打骂都是合法的？

案例：

　　被告人周某某系被害人王某某 (9 岁) 亲生父亲，2020 年 10 月的一天，周某某因老师向其反映王某某在学校偷拿他人东西，遂质问王某某，王某某予以否认。被告人周某某便用木棍持续抽打王某某的臀部、下肢及背部，直到王某某保证不再偷东西才停止。后周某某发现王某某身体状况异常，将其送往医院救治，当晚，王某某经抢救无效死亡。经鉴定，王某某因臀部、双下肢及背部遭受棍棒打击导致大面积皮下组织及肌肉出血、坏死引起创伤性失血性休克而死亡。法院经审理认为，被告人周某某持木棍持续殴打被害人王某某身体多处部位，造成被害人死亡，其行为已构成故意伤害罪。周某某犯罪情节恶劣，后果严重，依法应予严惩。鉴于其出于教育孩子的目的，到案后如实供述罪行，依法以故意伤害罪判处周某某有期徒刑 13 年。

　　"黄金棍下出好人"曾是中国家庭教育信奉的一剂良药，但在文明社会，父母的棍棒教育会被认定为家庭暴力。所谓"家庭暴力"，法律规定的概念是指"家庭成员之间以殴打、捆绑、残害、限制人身自由以及经常性谩骂、恐吓等方式实施的身体、精神等侵害行为"。即使父母是本着教育子女的目的，对儿童进行身体上的殴打或精神上的施压，其行为也已经涉嫌家庭暴力。《家庭教育促进法》规定"未成年人的父母或者其他监护人在家庭教育过程中对未成年人实施家庭暴力的，依照《中华人民共和国未成年人保护法》《中华人民共和国反家庭暴力法》等法律规定追究法律责任"。

具体的法律责任是：家庭暴力情形轻微的，依法给予治安管理处罚；如果已经构成犯罪的，则有可能以故意伤害罪或过失伤害罪定罪量刑。

美国联邦政府对于监护人因疏于履行监护职责对儿童造成伤害的责任认定早就提高到了犯罪的高度。父母或其他监护人的任何行为，无论是直接过失，还是由于缺乏防范意识没能避免间接伤害，只要造成了未成年人死亡、身体或精神上的伤害，全都难逃追责。任何一个公民都可以通过报告的方式向地方法律执行机构或社会服务机构发起对儿童受虐或被忽视的调查请求。

相比较于国外，现阶段我国对于因父母监护不力造成儿童受到伤害的事件，常用的是对监护人采取说服教育的方式。目前《未成年人保护法》等法律法规已经对父母是否履行监护职责的监管工作作出了明确规定。法规不仅规定了任何组织和个人都有检举、控告的权利，同时还规定了对无法得到安全保障的未成年人采取由相关部门临时监护、长期监护的规定。如"监护人拒绝或者怠于履行监护职责，导致未成年人处于无人照料的状态，相关部门可以对未成年人进行临时监护。临时监护部门可以采取委托亲属抚养、家庭寄养等方式进行安置，也可以交由未成年人救助保护机构或者儿童福利机构进行收留、抚养"；甚至法律还规定了"未成年人的父母或者其他监护人不依法履行监护职责或者严重侵犯被监护的未成年人合法权益的，人民法院可以根据有关人员或者单位的申请，依法作出人身安全保护令或者撤销监护人资格。被撤销监护人资格的父母或者其他监护人应当依法继续负担抚养费用"。

第二节　学校的法律责任

学校作为一个法人主体机构，从职责上来说，应该对学生履行教育管理职责。如果没有尽到应尽的职责，则面临着承担民事赔偿责任、行政处罚，甚至法定代表人承担刑事责任的相关法律责任。

案例一：

某小学一学生冯某在课间到学校操场爬旗杆玩，旗杆突然倒下，冯某跌落受伤导致骨折。

案例二：

某中学晚自习后，数百名学生从同一栋教学楼的三楼、二楼向一楼唯一的一个楼梯口涌出，致使发生踩踏事故，造成 23 名学生受伤，6 名学生死亡。

　　初中生黄某于课间休息期间与同学盛某玩耍时，双方发生冲突并发生厮打，盛某将黄某脸部划伤。黄某父母作为法定监护人将其同学盛某、盛某的父母以及学校诉至法院，要求被告进行人身损害赔偿。一审法院经审理认为，本案中，事发之时黄某、盛某均为无民事行为能力人，其法定监护人以及学校均应当对其进行强化安全教育；同时，因事发时间和场所在学校教室内，学校有义务对其进行适当的管理和保护，但学校未能尽到教育、管理、保护的职责，监护人也没有对孩子进行必要的安全教育。最后，学校和盛某监护人均存在一定过错，应承担相应的赔偿责任。最后判决被告学校和盛某的监护人按照各自承担 50% 的责任进行分担。

案例四：

　　暑假期间三名小学生翻越学校围墙进入学校玩耍，追逐打闹中不慎受伤。

一、只要发生伤害学校就必须赔钱吗

　　几乎所有的家长都认为孩子在学校受到伤害，学校就应承担赔偿责任。下面先来看看《民法典》的相关法律规定。

　　第一千一百九十九条　无民事行为能力人在幼儿园、学校或者其他教育机构学习、生活期间受到人身损害的，幼儿园、学校或者其他教育机构应当承担侵权责任；但是，能够证明尽到教育、管理职责的，不承担侵权责任。

　　第一千二百条　限制民事行为能力人在学校或者其他教育机

构学习、生活期间受到人身损害，学校或者其他教育机构未尽到教育、管理职责的，应当承担侵权责任。

不难发现，上述条款对完全无民事行为能力的儿童和限制民事行为能力的儿童受到伤害时学校承担的责任要求是不同的。对于不满八岁的完全无民事行为能力的儿童，学校承担的是无过错责任。一旦发生了伤害事件，学校就应承担责任。除非学校能证明自己尽到了管理责任的方可免责；而对于满了八岁的限制民事行为能力的儿童，学校承担的是过错责任，只有被证明学校存在未尽到教育管理职责时，学校才承担责任。因此，并不是说孩子只要在学校受到伤害，学校就一定要承担责任。

在爬旗杆受伤案例中，学校可能会认为旗杆本身就不能爬，学生摔伤主要是因为太顽皮，学校没有责任；但学校是否考虑到这个年龄段的学生本身就有顽皮好动的天性。尽管孩子们都知道旗杆是用来升旗而不是用来爬的，但这就是儿童的天性，喜欢冒险和新奇的玩法。学校应该能够预见这一点，从而对学生进行必要的安全教育。在旗杆周围也可以设立禁止入内的提醒或修建必要的防止入内的设施。如果做到了这一点，便能最大限度地防止意外发生。因此，从这个角度来说，学校有责任。

楼梯踩踏案例属于典型的学校在管理中存在失职行为，对蜂拥而出的学生没有进行必要的安全管控，采取分时段、分区域的方式对学生进行疏散。

在同学间发生的伤害事件中，学校是否要承担责任需要根据事发当时的具体情况而定。当然，由于伤害发生在学校，对学校的要求是比较严格的，有些情形下甚至会采取无过错的归责原则。

暑期入校受伤案例属于超出学校管控能力的情形，除非学校存在明显过错，为安全事件的发生制造了隐患。比如学校校门没有上锁，学生可以随意进出，学校围墙垮塌砸伤了学生等。学校只要能证明自己的行为并无不当，是不用承担责任的。

二、是"谁主张、谁举证"还是"自证无过"

"谁主张、谁举证"是民事案件常规的举证原则。但儿童在学校发生意外伤害后由于儿童及其监护人获取证据存在客观困难，法律上一般要求由学校举证证明学校是否已尽到了足够谨慎的注意义务、是否充分履职、管理行为是否不当。

在发生伤害事件后，如果学校能充分证实自己已经履职，管理确实不存在任何疏漏，行为不存在任何不当，学校并非都必须赔偿。比如由于不可抗因素（如"5·12"地震导致的人员伤亡）中学校已经尽到了应尽职责；或者来自学校外部的突发性、偶发性侵害造成的，比如大型车辆冲进了操场导致儿童受伤；或者儿童有特异体质、特定疾病或者异常心理状态，学校不知道或者难以知道的，比如儿童有隐匿性哮喘疾病或心脏疾病，在学校正常活动中突然发病但学校此前根本无法知晓的；学生自伤，但此前没有任何预兆和校园诱发因素的；另外就是在对抗性或者具有风险性的体育竞赛活动中发生意外伤害，但学校已经尽到了足够的安全防范义务的。

通过上面的案例和分析不难看出，儿童在学校发生意外伤害时，由学校来举证的方式和普通的"谁主张，谁举证"在举证责任的分配上存在较大差别，被称为"举证责任倒置"，对学校的责任承担分别实行过错推定原则。如果学校不能充分证明自己已经尽到了谨慎管理的义务，只要儿童发生了伤害事件，学校就面临赔偿。这种举证方式能在一定程度上保护未成年人的利益，便于儿童发生伤害时维权。

三、除了赔钱，学校还可能面临什么责任

案例：

云南省昆明市某小学发生一起 6 名学生死亡、35 名小学生不同程度受伤的重大踩踏伤亡事故。经调查，该小学违反了《中小学校设计规范》中关于学生宿舍每室居住学生的规定，将普通居民住宅楼改变用途，并组织大量学生集中午休，形成楼道通行困难的事故隐患，违规立放于一楼楼道内的海绵垫倾倒后严重影响学生的通行，学生通过时发生叠加挤压，导致事故发生。最后，学校校长李某被判处有期徒刑两年，副校长杨某被判处有期徒刑一年零六个月，体育教师李某程被判处有期徒刑一年。

法院审理认为，李某作为校长，对学校教育设施安全、规章制度的落实负有领导、督促之责，而疏于领导、督促落实，没有采取有效措施预防和消除存在的安全隐患，酿成学生踩踏事故，负有不可推卸的责任。杨某作为分管后勤和安全工作的副校长，在组织开展学校安全工作时，对校园内午休楼存在的安全隐患没有组织排查，对此次事故的发生负有直接责任。李某程作为体育老师，组织田径训练后，将海绵垫置于午休楼一楼楼道处，对海绵垫失于监管，对事故发生负有直接责任。盘龙区检察院指控 3 名被告人犯教育设施重大安全事故罪的事实清楚，证据确凿充分，指控罪名成立，依法应予惩处。

显然，针对重大安全事故的学生伤害，可不只是赔钱就能解决的。法定代表人和相关责任人不仅仅面临撤职等行政处分，还有可能会被追究"教育设施重大安全事故罪""渎职罪"等刑事责任。

第三节　企业、政府、司法机关的法律责任

如果企业违反国家法律法规以及相关政策文件的规定，对儿童造成了伤害，将面临赔偿、罚款、停业整顿甚至相关责任人将被追究刑事责任。如为学校供应食品的生产商可能因提供的食品对学生造成了严重伤害而被认定为"生产、销售有毒有害食品罪"等刑事犯罪。

《未成年人保护法》等相关法律法规对儿童保护提出了明确的职责要求。人民政府、居民委员会、村民委员会、民政局、司法机关以及各部门都对儿童保护具有不可推卸的责任。无论是保障校园安全，监督、指导学校、幼儿园等单位落实校园安全责任，建立突发事件的报告、处置和协调机制，还是公安机关和其他有关部门依法维护校园周边的治安和交通秩序，增设监控设备和交通安全设施，预防和制止侵害未成年人的违法犯罪行为，都规定得非常具体和详细。如果未能履职，玩忽职守、滥用职权、徇私舞弊、损害未成年人合法权益的，将依法给予行政处分乃至被追究刑事责任。

第五章

意外伤害的现场急救义务和责任豁免

刘 莉

民法典规定，"自然人的生命权、身体权、健康权受到侵害或者处于其他危难情形的，负有法定救助义务的组织或者个人应当及时施救"。显然，学校以及任何对儿童有法定救治义务的组织必须施救，否则就要承担法律责任。

教育部颁布的《学生伤害事故处理办法》也有类似的规定。其中第十五条规定，"发生学生伤害事故，学校应当及时救助受伤害学生，并应当及时告知未成年学生的监护人；有条件的，应当采取紧急救援等方式救助。"

由于学校教职员工并非紧急救援及专业医务人员，面对突发意外伤害事件时，极有可能因惊慌失措或缺乏救助常识，导致贻误救治时机，从而有可能承担民事侵权责任甚至受到行政处罚。那么，学校做到什么程度才算完成了自己的救治义务，从而不被追究救治不力的责任呢？我们来看看下面的案例。

案例一：

2017 年 3 月，上海市某小学四年级一学生在食堂用餐过程中，因为肉丸哽噎气道导致窒息死亡。

案例二：

2019 年 6 月 17 日中午 11 点 30 分，衢州市实验学校餐厅内，六年级男生徐某进餐时因吞咽不慎，导致一块馒头滑入气管，不能言语的徐某机械地用手抠着嘴巴，但是很快他的脸和嘴唇开始发紫。同桌吃饭的同学见状，立刻向当班陪餐教师刘某报告求助。刘老师第一时间运用了海姆立克急救法成功将阻塞气道的馒头挤出气道，学生徐某才转危为安。

从上述案例可以看出，在儿童发生意外情况时，现场是否有熟练掌握急救技术的目击者快速施救是导致最后完全不同结局的重要原因。学校应定期对教职员工进行包含基本急救培训在内的岗前培训和定期复训演练。

2021年年底，国家卫生健康委办公厅印发了《公共场所自动体外除颤器配置指南（试行）》，该指南中明确提出优先在人口流动量大、意外发生率高、环境相对封闭或发生意外后短时间内无法获得院前医疗急救服务的公共场所配置自动体外除颤器(AED)。同时建议在包括学校、幼儿园在内的人员密集场所和警车、消防车等应急载具内，逐步推进配置AED工作。目前，四川、海南、北京等省市纷纷出台了公共场所配备AED的相关政策文件，其中都将学校、幼儿园列为了重点场所。及时规范使用AED，能大大提高心肺复苏成功率，争取挽救生命的黄金时间。

或许老师们会有一个很大的担心，如果在发生意外伤害时自己也进行了及时的急救，但由于各种原因没有救治成功，自己是否会承担责任呢？

是否及时发现孩子出现危险状态是学校的责任心问题，但发现孩子存在危急情况立即进行了力所能及的抢救是能力问题，在学校已经及时施救的前提下，不应因为没有达到抢救效果而一味认定学校存在过错并要求学校承担全部责任。

抢救的黄金时间一旦错过，儿童极有可能丧失生机或者遗留严重的残疾。因此，在医院外的任何场所，一旦发现儿童出现需要现场急救的情况，但凡具有救治能力的人员都应施以援手。我国在2020年1月1日颁布生效的《民法典》中特别规定了"紧急抢救责任豁免"条款：因自愿实施紧急救助行为造成受助人损害的，救助人不承担民事责任。这个规定为无偿施救者的责任豁免提供了法律保障，能有效打消施救者的顾虑。

儿童发生意外伤害后，监护人有权第一时间要求相关责任主体提供必要的证据资料，包括调取监控录像、收集证人证言、保留就医的相关凭证等。就解决方法而言，监护人可以通过直接和责任主体协商和解、司法鉴定确定伤残等级、向相关机构的主管部门进行投诉或者直接采取诉讼等方式维护权益。

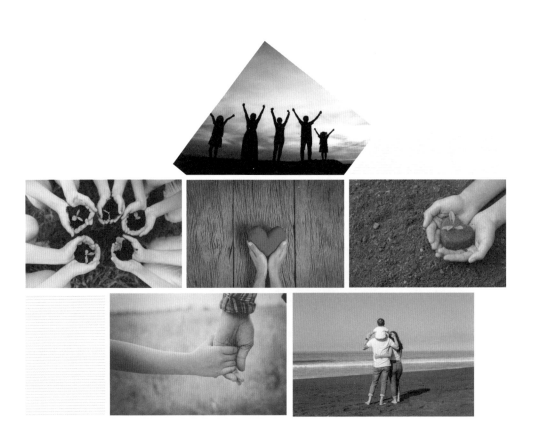

参考文献

[1] 段蕾蕾，王临虹．伤害与暴力预防控制理论与方法 [M]. 北京：人民卫生出版社，2020.

[2] 中国疾病预防控制中心，慢性非传染性疾病预防控制中心，全球儿童安全组织．中国青少年儿童伤害现状回顾报告 (2010—2015)[R]. 2020.

[3] 周蓉，熊鸿燕，张学兵，等．儿童意外伤害的临床流行病学特征分析 [J]. 中华创伤杂志，2011, 27(5):466-471.

[4] 宫丽敏．儿童意外伤害的现状与干预 [J]. 中国妇幼卫生杂志，2010, 1(4):213-216.

[5] 王惠萍，姜若，吕军，等．基于风险矩阵的社区 0 ～ 3 岁儿童意外伤害风险评估 [J]. 中国妇幼健康研究，2020, 31(2):197-202.

[6] 派登．世界预防儿童伤害报告 [M]. 段蕾蕾，译．北京：人民军医出版社，2012.

[7] 王建枝，钱睿哲．病理生理学 [M].9 版．北京：人民卫生出版社，2018.

[8] Wang L, Gao Y, Yin P, et al. Under-five mortality from unintentional suffocation in China, 2006—2016[J]. Journal of Global Health, 2019, 9(1).

[9] Kong F, Xiong L, Wang A, et al. Healthy China 2030:How to control the rising trend of unintentional suffocation death in children under five years old[J]. BMC Pediatr, 2020, 20(376).

[10] 王卫平，孙琨，常立文．儿科学 [M]. 9 版．北京：人民卫生出版社，2018.

[11] 杨振华，李奕龙．重大车祸伤院前与院内急救一体化 [J]. 中国实用医药，2010, 5(20):260-261.

[12] 喻彦，胡嫣平，彭娟娟．儿童道路交通伤害发生的影响因素及中介效应分析 [J]. 伤害医学 (电子版), 2019, 8(3):11-15.

[13] 公安部道路交通安全研究中心，中国疾病预防控制中心慢性非传染性疾病预防控制中心．中国儿童道路交通伤害状况 [M]. 北京：人民卫生电子音像出版社，2014.

[14] 徐梦蕾，王书梅．儿童及青少年出行安全与交通伤害预防 [J]. 上海预防医学，2021, 33(9):861-868.

[15] 孙奕，严春香，李双喜，等，用 X-11 模型对儿童伤害住院季节变化规律的研究 [J]. 现代预防医学，2006, 33(10):1850-1853.

[16] 叶鹏鹏，金叶，段蕾蕾．1990—2015 年中国 0—14 岁儿童道路交通伤害死亡状况分析 [J]. 中华疾病控制杂志，2018, 22(7):656-662.

[17] 楼淑萍, 赵若兰, 陈辉, 等. 2006—2016 年我国 0—14 岁儿童道路交通伤害发生率的 Meta 分析 [J]. 伤害医学, 2018, 7(2):22-28.

[18] 叶云凤, 王海清, 饶珈铭, 等. 2003—2012 年中国特大交通伤害流行病学分析 [J]. 实用预防医学, 2015, 22(8):897-900.

[19] 叶鹏鹏, 邓晓, 高欣, 等. 2006—2013 年全国伤害监测系统中儿童道路交通伤害病例变化趋势及现况特征分析 [J]. 中华流行病学杂志, 2015, 36(1):7-11.

[20] 中国疾病预防控制中心, 慢性非传染性疾病预防控制中心, 国家卫生健康委统计信息中心. 中国死因检测数据集 2019[M]. 北京: 中国科学技术出版社, 2020.

[21] WHO. World report on child injury prevention: summary[R]. Geneva: 2008.

[22] WHO. Global report on drowning: preventing a leading killer[R]. Geneva: 2014.

[23] WHO. Preventing drowning: an implementation guide[R]. Geneva: 2017.

[24] Mokdad A H, Forouzanfar M H, Daoud F, et al. Global burden of diseases, injuries, and risk factors for young people's health during 1990—2013: a systematic analysis for the Global Burden of Disease Study 2013[J]. Lancet, 2016, 387(10036):2383-2401.

[25] 邓晓, 金叶, 叶鹏鹏, 等. 1990 年与 2013 年中国人群溺水死亡疾病负担分析 [J]. 中华流行病学杂志, 2017, 38(10):1308-1314.

[26] 孟瑞琳, 林立峰. 儿童溺水防控策略与技能 [M]. 广州: 广东教育出版社, 2019.

[27] 李蕾, 张志泉, 郑成中, 等. 儿童溺水的防治方案专家共识 [J]. 中国当代儿科杂志 2021, 23(1):12-17.

[28] 王一茸, 蔡伟聪, 雷林. 儿童溺水的流行现况及干预研究进展 [J]. 伤害医学 (电子版), 2020, 9(1):61 -66.

[29] 谢冬怡, 孟瑞琳, 许燕君, 等. 中小学学生溺水与家长防控知识、监护行为关系研究展 [J]. 疾病监测与控制杂志, 2018, 12(5):347-351.

[30] Meixian Wang, Social and environmental risk factors for the accidental drowning of children under five in China[J]. BMC Public Health, 2020.

[31] 丁江舟, 姚永杰, 陈伯华, 等. 低水温暴露对人体的影响与防护 [J]. 人民军医, 2015, 58 (12):1395-1396.

[32] 中华医学会耳鼻咽喉头颈外科学分会小儿学组. 中国儿童气管支气管异物诊断与治疗专家共识 [J]. 中华耳鼻咽喉头颈外科杂志, 2018,

53(5):325-338.

[33] 王可为，仇君，等．2010—2014 年湖南省儿童医院儿童气管、支气管异物流行病学特征调查 [J]．伤害医学（电子版），2016, 5(4):37-41.

[34] 赵祥文，樊寻梅，魏克伦，等．儿科急诊医学 [M]. 3 版．人民卫生出版社，2010.

[35] Robert W S, Milton, Charles G, etal. 斯特兰奇儿科急诊学 [M]. 4 版．封志纯，许峰，肖政辉，等，译．北京：科学出版社，2019.

[36] 王永军，王文媛，摆翔，等．儿童气管 - 支气管异物十年临床经验总结 [J]．中国小儿急救医学，2021, 28(4): 325-328.

[37] 梁建民，张向红，汪立，等．儿童呼吸道异物误诊的危害性及预防 [J]．中国儿童保健杂志，2006, 14(4):357-358.

[38] 许煊，祝彬，石苗茜，等．儿童异物吸入的诊治和预防 [J]．中华实用儿科临床杂志，2015, 30(18):1383-1386.

[39] 黄敏，赵斯君，吴雄辉，等．儿童呼吸道异物延迟诊断的相关因素分析 [J]．临床小儿外科杂志，2018, 17(10):778-782.

[40] 郭琳英，郑成中，史源，等．儿童烧伤预防和现场救治专家共识 [J. 中国当代儿科杂志，2021, 23(12):1191-1199

[41] 周晓红，李勤，曾凤兰，等．2014—2016 年广州市某医院儿童烧烫伤急诊伤害监测结果分析 [J]．应用预防医学，2017, 23(4):321-325.

[42] 施尚鹏，惠亚，杨华君，等．遵义市农村学龄儿童烧烫伤特征及影响因素分析 [J]．中国儿童保健杂志，2015, 23(10):1090-1092.

[43] 刘可，冯启璋，张惠洁．广州市儿童发生意外伤害与其父母知识、态度和行为的相关性研究 [J]．中华护理杂志，2004, 39(11):809

[44] 韩大伟，付晋凤，严刚，等．150 例烧伤儿童家长对瘢痕康复认知度的调查分析 [J]．中华烧伤杂志，2013, 29(1):11-13.

[45] 王树强．触电案件法律风险及防范措施 [J]．中国电力企业管理，2021(21):54-55.

[46] 袁嘉莉．关于如何防范触电事故法律风险的思考 [J]．法制与社会，2019(25):139-140.

[47] 闫草，王媛．触电事故案例分析及预防措施 [J]．农村电工，2018, 26(01):48.

[48] 张云秀，赵庆松，李艳芳．浅析安全用电与触电急救 [J]．轻工科技，2017, 33(10):64, 78.

[49] 赵天羿．浅谈人体触电原因及危害 [J]．现代农村科技，2018(9):107.

[50] 李生斌．现代实用法医学 [M]．西安：西安交通大学出版社，2010.

[51] 李小兵，杨雷钧，刘光晶，等．天津"812"爆炸伤员救治与思考 [J].中华卫生应急电子杂志，2016, 2(06):348-349.

[52] 李青荷，韦秀霞，蒋洪霞．"3·21"盐城突发重大爆炸事故批量伤员救援中的急救护理与组织管理 [J]. 江苏卫生事业管理，2019, 30(10):1358-1360.

[53] 马学智，刘卫，丁洁，等．扫把、拖把机械伤害风险浅析 [J]. 标准科学，2021(4):100-104.

[54] 商嫣然，Clare Naden. 安全使用儿童玩具 [J]. 中国质量与标准导报，2018(5):12.

[55] 丁宗一．大力开展儿童期意外损伤的监测与干预 [J]. 中华儿科学杂志，1999(37):653-654.

[56] 乔枫．儿童玩具产品质量安全风险分析 [J]. 标准科学，2020(12):167-170, 179.

[57] 张志刚，武发德，叶明起，等．机械伤害的原因及对策分析 [J]. 中国建材科技，2014, 23(3):102-106.

[58] 廖玉婷．儿童玩具安全很重要，这几大指标要注意——积木玩具抽检报告 [J]. 消费者报道，2021(2):40-42.

[59] 钱素云．小儿急性中毒的特点和诊治进展 [J]. 中国小儿急救医学，2010, 17(4):289-291.

[60] 高恒妙．儿童急性中毒的快速识别与紧急处理 [J]. 中国小儿急救医学，2018, 25(2):84-93.

[61] 高明娥．王玉凤．儿童误用药物的危险因素分析及干预措施 [J]. 中国药物与临床，2019, 19(11):1888-1889.

[62] 周艳华．邓华．儿童重金属铅暴露水平研究——以湖南省为例 [J]. 中国妇幼保健，2019, 34(19):4585-4588.

[63] 中国医师协会急诊医师分会，中国毒理学会中毒与救治专业委员会．急性中毒诊断与治疗中国专家共识 [J]. 中华急诊医学杂志，2016, 25(11):1361-1375.

[64] 蒋迎佳、钱素云．儿童急性中毒影响因素及治疗研究进展 [J]. 中国小儿急救医学杂志，2011, 18(6):555-557.

[65] 蒋迎佳，钱素云．PICU 中儿童中毒病例相关因素分析及干预 [J]. 实用儿科临床杂志，2012, 27(6):418-420.

[67] 祝益民，吴琼．儿童急性中毒的现状 [J]. 中国小儿急救医学，2018, 25(2):81-83.

[68] American Heart Association.2020 American Heart Association guidelines for cardiopulmonary resuscitation and emergency cardiovascular care[J].Circulation, 2020,142(16-Suppl-2):S337-S604.

[69] 梁镔, 李熙鸿. 2020 年美国心脏协会儿童基础、高级生命支持和新生儿复苏指南更新解读 [J]. 华西医学, 2020,35(11):1324-1330.

[70] 曾赛珍, 陈玲玲. 2020 年美国心脏协会儿童基础、高级生命支持和新生儿复苏指南更新解读 [J]. 实用休克杂志 (中英文),2021,5(2):110-112,115.

[71] 郑源, 张娜, 周明, 等. 公共场所自动体外除颤仪配置的研究进展 [J]. 中国急救复苏与灾害医学杂志, 2022, 17(3): 410-414.

[72] 周沂, 邱朝晖. 体外自动除颤仪在心脏骤停院前急救中的应用 [J]. 伤害医学 (电子版),2016 ,5 (3):59-62.

[73] 祝益民, 刘晓亮. 现场救护需强调三个"一"理念 [J]. 中华急诊医学杂志, 2016, 25(8)997-998.

[74] 陈孝平, 汪建平, 赵继察. 外科学 [M]. 9 版. 北京 : 人民卫生出版社 , 2018.

[75] 北京儿童医院. 北京儿童医院外科诊疗常规 [M]. 2 版. 北京 : 人民卫生出版社, 2016.

[76] 北京儿童医院. 北京儿童医院急诊与危重症诊疗常规 [M]. 2 版. 北京 : 人民卫生出版社 ,2016.

[77] 郭瑜峰, 李梅, 赵琳, 等. 电击伤的院前急救 [J]. 中国急救复苏与灾害医学杂志 ,2006,1(4-5): 165-166.

[78] 王天有, 申昆玲, 沈颖. 诸福棠实用儿科学 [M]. 9 版. 北京 : 人民卫生出版社, 2022.

[79] 周航, 李昱, 陈瑞丰, 等. 狂犬病预防控制技术指南 (2016 版)[J]. 中华流行病学杂志 ,2016,37(2):139-163.

[80] 殷文武, 王传林, 陈秋兰, 等. 狂犬病暴露预防处置专家共识 [J] 中华 预防医学杂志 ,2019,53(7):668-679.

[81] 中国毒理学会中毒与救治专业委员会, 中华医学会湖北省急诊医学分会, 湖北省中毒与职业病联盟. 胡蜂螫伤规范化诊治中国专家共识 [J]. 中华危重病急救医学 ,2018,30(9):819-823.

[82] 中华人民共和国国家卫生和计划生育委员会. 胡蜂蜇伤诊疗原则 [J]. 中国实用乡村医生杂志 ,2013,20(24): 3-4.